植物告诉我们未来

我们可以从植物王国及植物在地球上的演变中学到什么

（意）芭尔芭拉·马佐莱
（Barbara Mazzolai）
著
尹薪淇　译

辽宁科学技术出版社
·沈阳·

Iconographic references:
Illustrations by Ilaria Bruciamonti
Photographs:
Istituto Italiano di Tecnologia
pag. 108 Andrea Degl'Innocenti, Edoardo Sinibaldi;
pagg. 128-129 Fabian Meder; pag. 193 Emanuela Del Dottore, Alessio Mondini; pag.206 Virgilio Mattoli

图书在版编目（CIP）数据

植物告诉我们未来 / (意) 芭尔芭拉·马佐莱 (Barbara Mazzolai) 著；尹薪淇译.— 沈阳：辽宁科学技术出版社，2024.1
ISBN 978-7-5591-3257-4

Ⅰ.①植… Ⅱ.①芭… ②尹… Ⅲ.①植物学 Ⅳ.①Q94

中国国家版本馆 CIP 数据核字 (2023) 第 190502 号

出版发行：辽宁科学技术出版社
（地址：沈阳市和平区十一纬路 25 号　邮编：110003）
印 刷 者：辽宁新华印务有限公司
经 销 者：各地新华书店
幅面尺寸：145mm × 210mm
印　　张：4
字　　数：100 千字
出版时间：2024 年 1 月第 1 版
印刷时间：2024 年 1 月第 1 次印刷
责任编辑：张歌燕
装帧设计：袁　舒
封面设计：琥珀视觉
责任校对：徐　跃

书　　号：ISBN 978-7-5591-3257-4
定　　价：59.80 元

联系电话：024-23284354
邮购热线：024-23284502
E-mail:geyan_zhang@163.com

植物
告诉我们未来

致 图斯基 (Tusky)
璀璨之星

致 里卡多 (Riccardo)

图片参考

插图选自伊拉里亚·布鲁西亚蒙蒂（Ilaria Bruciamonti）

图片：

意大利理工学院

第 56 页安德里亚·德格尔·伊诺森蒂（Andrea Degl’Innocenti,），

爱德华多·西尼巴尔迪（Edoardo Sinibaldi）；

第 67、68 页 费边·梅德（Fabian Meder）；

第 102 页 埃马努埃拉·德尔·多托雷（Emanuela Del Dottore），

阿莱西奥·蒙迪尼（Alessio Mondini）；

第 110 页维吉里奥·马托利（Virgiglio Mattoli）

目　录

前　言

植物告诉我们过去

除了爬行、鸣叫、进食的生物以外，为什么不应有那些静静绽放、散发着芳香、喜于吮吸雨露、渴望破芽而出、痴迷于探寻光的生物呢？

古斯塔夫·西奥多·费赛罗（Gustav Theodor Fechner），娜娜(Nanna)
《植物之灵》，1848

这里有一个问题：“你更倾向于让狮子还是栎树重生？”我们中的大多数人可能会毫不犹豫地答道“狮子”。毋庸置疑，狮子享有广泛的大众认知度，它们是自带力量、纯洁与勇气的神秘光环的奇妙动物。它们成为无数故事和名言警句中的主角也并非偶然。如人们所说，“像狮子一样活一天，胜过像羊一样活百天”，还有威廉·莎士比亚（William Shakespeare）诗歌集中描写的“当周围有许多驴子时，你可以说自己是狮子”。当然，在其他寓言故事中这只总以“森林之王”著称的大型猫科动物也曾受到质疑。

然而，如果让我选择，我想我会回答：“栎树！”我常幻想有那样一棵树，最好还是像栎树那样感知着我们人类的百年老树。簇叶之下，它看着世纪百年之中川流不息的人群：许多人会背倚大树而休，阅读抑或是拥抱。它也会静静地观察着战争的发生，亲身感受它周围无穷无尽的颜色变幻与四季更迭。

我丝毫不介意体验刻意放大时光流逝产生的感觉。对我来说，时光总是处于运动之中，感知着可能被静止所迷惑的缓慢，或者通晓这些玛土撒拉人（译者注：玛土撒拉是《圣经》中记载的人物，据说他在世上活了969年，是历史上最长寿的人，后来成为西方长寿者的代名词）超越人类时间限制的适应能力，而这将是一种十分令人震撼的体验。

植物的生命在数十亿年前就可能出现在水下植物环境中，* 它们可以称得上是地球的先辈。但在过去，这些绿色生物体是陆地的先驱模范，它们在陆地的出现时间比我们早多了（即4000多亿年前，最早的人类“智人”大约出现在20万年前），并且引发了地球上最为深刻的地球生物学变迁之一——“陆地化”。一个奠定基础的重要事件让它顺应了人类接下来永久居住环境的变化发展。

但所有这些事情，是何时又是如何发生的呢？

想象一下，我们坐着一台可以穿越到一个遥远年代的时光机来到了古生代，大约4.7亿年前的奥陶纪时期。那时，一些绿色的小海藻能够脱离它们自身的自然生活环境存活于水域之外。小小的生物体却承担了生物进化和促进地球植物多样性的重大责任：从水域到陆地的路径变迁。如果水域此前是一个拥有丰富营养物质的舒适环境，并且不存在重力问题，那么后来浮现的陆地无疑是与之相反的环境，在这样的环境下这些单细胞生物体在受到温度突变时，会失去浮力，且受到紫外线辐射的伤害，它们还必须吸收二氧化碳（CO_2）进行植物界最伟大的发明——光

---

* 在中国的一块岩石中，发现了有史以来最古老的绿色藻类化石。在那曾经被海洋水域所覆盖的环境中，被称为“古龙骨”的藻类大量繁殖。宠科等发表在《自然生态与进化》（*Nature Ecology&Evolution*，2020年，第4卷，543-549页）的“一个有10亿年历史的多细胞叶绿素细胞”（A one-billion-year-old multicellular chlorophyte）对此进行了描述。

合作用。

究竟是什么原因促使这些藻类生物离开它们的小天堂——水域，而移居到一个真正的地狱——陆地？显然，起初的变化，并不是有意识的。藻类在极端条件下生存，且促进了植物从水域到陆地这两个截然不同特征的环境之间划时代的过渡。

对此影响最大的，无疑是大气中臭氧层的形成。臭氧是由三个氧气原子形成的一个分子，它对减少地球上紫外线辐射和致命性辐射至关重要。*

另一个因素是在藻类细胞中新保护结构的出现。在湖泊和池塘这些藻类生存的浅水区，水四季流动，藻类细胞拥有强健的细胞壁并有黏液“覆盖”之上，以抵抗水分丧失。除此之外，最近有研究假设，蒺藜科藻类对获得新环境压力的抵抗方法，也应该是细菌遗传物质的途径。

从细菌到这些藻类的“英勇”祖先，在进化中发挥了重要作用。

这是一股势不可挡的力量，在数亿万年内，它本可以将绿色的世界开拓到地球的每一个角落。这些海藻实际上把它们的生命奉献给了一个复杂的进化过程。此后，在奥陶纪时期，出现了苔藓，大家都知道这种植物的俗称。整体来讲，小范围的苔藓既没有维管组织，也没有根系统，它们的繁殖特别依赖水的存在，哪怕只是一层露水。基于此，它们更喜欢灌木丛一样潮湿的地方。然而，许多苔藓也能够在干燥和极端温度下生存一段时间。它们的秘诀便是“脱水”，利用脱水达到一种可逆的生

---

* 如今，我们了解云层变薄的后果：由于大范围暴露在还未根本被臭氧层穿破的有害的太阳光线下，癌症发病率增加，尤其是皮肤癌。由此，联合国为了避免工业产品中的氟氯碳化物对地球臭氧层继续造成恶化及损害，签署了《蒙特利尔破坏臭氧层物质管制议定书》，并于 1989 年 1 月 1 日起生效。

命潜在状态，当被再次浸湿后，它们能够在数小时内重新开始生命活动。虽为不起眼的植物，但苔藓却具有如此强大的功能。

让我们再次乘坐时光机穿越到志留纪时代，也就是大概 4.27 亿年前，那时在大陆上出现了最初的库克逊蕨和巴拉万石松：它们是维管组织植物，也就是说，其具有传送气体、液体和必要矿物质并能进行光合作用的导管。实际上，它们是地球上存在的最古老的维管组织植物。

库克逊蕨植物具有强劲的茎，分叉成“Y”形，而巴拉万石松是具有柔软躯体的草本植物。这两种植物都生活在潮湿的环境下，它们的维管组织很简单，然而木质部（传送水的组织和根部离子）和韧皮部（将光合作用产生的糖分从叶部输送到植物其他部分的组织）就像今天生长在地球上的植物一样。除此之外，它们完全没有根，缺少直接从土壤中汲取水和营养物质的基本结构，而且这种结构在几百万年之后才会出现。

陆生植物的出现为之后动物征服陆地创造了条件。事实上，千足虫在移动的过程中被一个带有刺的附肢的外部骨骼（外骨骼）所覆盖，这保证了它们与水的隔离，并且避免体内液体的流失（这时，动物世界还没有开始，可以说，并没有更好地开始！）。这样，它们在靠近水的地方形成最初的简单陆地开拓性聚落。

陆地殖民化仅仅是充满新挑战的渐进扩张。首先，就像我之前提到的那样，植物的根部在生长。与此同时，这也增加了它们维管系统的复杂性，使得它们也可以在其他领域生长，并且更加有效地抵抗重力。

根部的出现在植物的进化过程中是一个至关重要的转折点。由于能够以毛细管的方式探索土壤以探寻进行光合作用的基本物质，它们实际上是个体生存的战略有机体。当它们探索地下层时，它们的根部还会促进和其他组织的共生，进一步增加植物的适应和生存力。特别是其中一种共生关系，在促进植物界对新地区的扩张方面发挥了重要作用，我说的就是植物的根和真菌之间的共生关系：菌根。

长期以来被认为与植物有关的真菌，它们自己本身也可以建立一个生活领域。它们像动物一样是异养的，或者说它们并不能从无机分子合成有机物质。而植物可以通过光合作用做到这一点（由此，它们被定义为自养的）。

菌根是一些从真菌基部发出的花丝，而后在地下形成所谓的菌丝体。我们无法确切地说出真菌何时开始在陆地上繁殖，它们的陆地化可以追溯到大约 4 亿年前一直到奥陶纪（4.43 亿—4.85 亿年）* 时期（时间跨度非常大）。然而，最近的研究表明，在新元古代时期（在 8.1 亿—7.15 亿年前）的岩石中存在着古老的菌丝和菌根。

真菌界和植物界“互助”的开始是陆地系统运作的基础，是整个根际发展的创始环节，这是一个特殊的栖息地，对此，我们会在接下来的章节详细讲述。这里只需表明，根际包括根部周围的土壤，以及生活在那里的微生物、有益菌和致病菌、小型真菌和大型真菌。

大约在 4 亿年前的泥盆纪见证了陆生植物的增殖，比如蕨类、木贼属、石松类的维管植物。我个人觉得蕨类植物非常美丽，它们是在阴凉潮湿地方茁壮生长的草本植物。它们硕大的叶子有几个孢子囊，下面有孢子

---

* 关于真菌进化时期和它们向陆地过渡的巨大不确定性主要由于寒武纪时期（更加久远的地质时期）真菌的稀缺性和它们模棱两可的性质：事实上，很难将它们与其他细菌的遗骸区分开来。

的中空结构。木贼属的植物，显然这个名字让人觉得陌生，实际上，它们在乡村或是在草地上十分丰富。当乘火车出行时，望向窗外，我常常会观察那些广袤无垠的木贼，它们更通俗的名字叫“马尾草”。在我大学的植物学学习中，这类物种给我留下了很深刻的印象，因为它被称为活化石，是地球上最古老的植物之一。自古罗马、古希腊时期后，马尾草常被用于治疗，但它具有较强的入侵性，很难彻底根除。相反，石松是一种在各处广泛繁殖的草，从温带到山区，一直到热带。它们有鳞片状的小尖叶，并不是惹眼的植物。然而，源自石松的香味却有一些特殊。它们实际上十分易燃，“石松灰”在烟火厂被用来制造烟花和炸药。除此特殊用途外，石松也被用作顺势疗法。

蕨类植物、木贼属和石松类植物可以利用孢子再生，随之而来也带来了弊端。孢子是无性别的小细胞，为使其发展为新的个体，需要使其受孕，受孕就要利用水移动的配子进行。所有的蕨类植物实际上都是水生植物，或者它们生自水域，它们本不会在陆地上很好地传播，正如后来的精子植物那样。这些植物是什么？它们的成功应归功于什么？

远离水域，激发了植物为再繁殖而精心策划不同的策略。它们不能再像之前那样繁殖，将一股配子置于水中。在陆地上，仅是空气就使所有复杂化了，在远离母株的情况下，需要找到一种方法来“理解”基因材料，以此来避免亲系争夺同一片土地和同样的资源，更不用说还有可能使生殖细胞干涸或干燥的阳光和大气。就这样，种子诞生了（大概3.6亿年前），这是允许母株远程繁殖最好的解决方案。除了发芽能力，或者说产生新标本的能力，只有当外部条件在湿度、光照、温度和营养物质都处于最佳状态时，才能够使繁殖过程高效。这就是大自然的另一个杰作，在时间的进程中，当某种生命体的生命历程中遇到问题，大自然诱使其自己找出最精妙的解决措施。

在进化的过程中，种子结构趋于多样化，植物采取各种措施来让它们的种子传播。利用风的植物，它们的种子带翅膀，单翼或双翼，也被称为冠毛。利用动物的植物，有一些种子被荆棘和攀缘藤所覆盖，这样可以保持与动物毛皮接触以便和它们一起移动，还有一些通过果实被动物吃掉后与其粪便排出，这是一个允许种子获取必需营养物质而孕育新生命的完美循环。

将繁殖任务委托给种子的植物正是精子植物，是如今我们地球上数量最多的植物。它们分为被子植物和裸子植物，其中被子植物的种子包含在花朵产生的果实中；而裸子植物没有花朵，但会产出“裸”种（如同松果里的松子）。

由两个瘦果组成的翅果

当种子已经受精并“准备就绪”，就等待一个适合发芽的环境条件了。

植物从水域到陆地的迁移有利于动物界类似过程的进行。植物为其他物种提供了庇护所和食物来源。它们在地球上的出现增加了氧气浓度和空气湿度，使许多新生物种的发展成为可能。土地变得更加富含有机物质，降雨量也增加了，随着对良性循环的刺激，最终也有利于植物的生命传播。

接下来在泥盆纪之后，在广阔地区的土地上，石炭纪（大约3.45亿年前）以全面连续的炎热潮湿为特点。这种条件有利于广袤植被的发展，其遗骸则构成了化石燃料的巨大沉积物，这个时期也因此而得名。广阔的森林和沼泽地给许多动物的生存和繁殖提供了可能。在此时期，节肢动物，如蜘蛛、蜈蚣、千足虫、蝎子和昆虫迎来了辉煌的发展，其中出现了第一批有翅形式，如巨脉蜻蜓，它有一个75厘米的翼展和一个长达240厘米的身体，甚至更大。这种巨型蜻蜓是一种肉食动物，它会猎食其他的昆虫。还有两栖动物，如青蛙和蝾螈，被称为当时的空中霸王。

在地质时代，植物学会了移动并且能够占领领土，这不仅是自然环境（或者说是有一点儿小幸运）造成的，也是自然和动物趋同的精妙现象。它们成功的秘诀在于它们在进化过程中完善的机制和运动策略，而这一方面与生殖方式有关，另一方面与它们结构的不确定性增长有关。如果我们能够把头“埋”在土里去观察里面发生了什么，我们就会意识到，植物的根不仅仅是埋在地下的惰性结构，也是一个充满其他生命形式的活跃部分并在不断地运动和变化。

石炭纪森林

对于地面上发生的一切，一座天然的地下“城市”发挥着基本作用，植物本身就是主要的连接桥梁。事实上，植物是唯一能够做出反应和适应不同环境的生物体。空气、土地、水，它们从每个环境中获取生存所需的必要物质，并且重新融入氧气等资源。

有一件事情是众所周知的，但我们却很少思考其对所有其他生物生存所具有的非凡意义，那就是：没有植物就没有氧气，没有植物就不存在可能的生物，没有植物，我们的蓝色星球可能就是一个不适宜居住的大石块。

离开史前时代，让时光机带我们前进，来到我们的年代。我们来到一个为饲养牲畜或只是单纯种植农作物去满足人类需求而去焚烧亚马孙雨林的地方。

人类罪恶行为的后果不计其数。首先是生物多样性的丧失，动物群和植物群渐渐灭绝。从生态系统的各种生物和非生物的多样性和关联的角度来看，这对维持健康的自然栖息地至关重要。每年在我们毫不知情的情况下灭绝的物种具有不可估量的对历史、生物学和进化方面研究的价值。除此之外，由于森林是名副其实的氧气宝库，它们通过光合作用吸收二氧化碳，二氧化碳因此在植物的树干和根部累积，而伐树造成了全球变暖，因为这会让树木中吸收的二氧化碳释放在大气中。处于温带气候区城市环境中的成熟期的中等大小树木，年均吸收 10 ~ 20 千克的二氧化碳。一棵类似大小的树，如果处于一片树林中，一年将吸收 20 ~ 50 千克的二氧化碳。

最近一项研究表明，目前地球上大约 29% 的二氧化碳被树木吸收，进而存留在树叶中。也正因如此，伐树被认为是气候变化和地球温度升高的主要原因。

人类在接下来几年将必须面对的挑战是要去了解、监测、恢复和保护自然生态系统的平衡，因为所有一切对保护生物多样性十分必要。我们需要增强敏感度，引导人们了解气候所带来的挑战，并采取相应的行动。

还有一点值得人类注意的是，绿色空间和一些重要森林的减少导致野生动物渐渐逼近人类居住的地方，进而增加了更多与我们接触的可能性。在我写这本书的时候，整个世界都面临着新型冠状病毒带来的巨大困难和挑战。病毒学和流行病学向我们解释了，一旦病毒从野生动物身上过渡到人类身上，会产生变异并攻击我们。这并不是第一次发生，其他的病毒也如此发生过，比如狂犬病、SARS 病毒、HIV 病毒、埃博拉病毒、禽流感和许多其他的病毒。生活在17—18世纪的意大利哲学家巴蒂斯塔·维科曾提出，即使历经许久，某些事件以相同方式重复的假设仍然存在。在此需要说明，或许我们并没有从自我错误中吸取教训，如果我们想要打破人类和植物内在的生存危机，那就要彻底地转变。

微软创始人比尔·盖茨（Bill Gates）在近期著名的Ted视频会议中谈及，我们正处在一个对武器上投资良多而对抗击病毒研究方面的投资却微乎其微的世界中，大流行疾病的死亡人数要比战争的死亡人数还要多。

我对此总是深信不疑，对大自然和其进一步演变的观察可以给我们指明解决复杂问题的道路，比如在气候变化、全球温度升高的环境下，研究具有较低环境影响和更可持续能源形式的材料。无论个人还是集体，都需要做出正确的选择，提高责任意识。

在知道和了解之间是经验造成了差异！

这就是我的世界：仿生机器人实验。我们研究生物及其功能来扩充我们的认知，模仿它们的行为，通过开发和使用新技术和新机器来让我们的知识为人类服务。我们进行实验，追求道德的方法，将人类和生物置于我们的利益中心。我们要谦逊地意识到，对于重大问题的解决方案要通过一步步的累积去获得。在实验中，我们放宽了有关科技、生物科学和自然科学知识的界限，我们巩固了自我认知，然后利用认知在科技和自然领域去探究未知，了解更多。

在这一点上，你们可能会问（我们每天也会这么问），这些受生物学原理启发制成的机器是以何种方式影响我们在地球上所发挥的作用？

本书从这个“简单”的问题来开始我们的巡游，接下来的章节将带我们到土层，在那里，树的根部和蘑菇的菌丝体交织在一起形成一个神奇的网络。我们会发现一个神奇的世界，充满生命和相互联系的小有机体，我们几乎忽略了它们的一切，但对它们的依赖比我们想象的要多得多。我们一直追溯到树的簇叶，其中蕴藏着植物光合作用的秘密，世界各地的科学工作者为复制光合作用已经研究了许久。我们会迷失在树叶结构的思考之中，希望并坚信有一天能够从中探索出清洁能源，或许是解决过量温室气体排放的有效方案。我们将发现大自然是一个由联盟、机会主义和对抗组成的网络，而这些皆依赖于平衡，以及我们在地球上生存所依赖的丰富性和多样性。

科学的使命是使人类意识到保护环境对我们物种未来的重要性。

对于著名的后印象派画家文森特·梵·高（Vincent Van Gogh），我一直怀有深深的热忱。他的作品深受自然启发，以浓烈的色彩和强大的笔触描绘这个世界。如同周围伟大的艺术家，我们将在自然的色彩中重新找到一种动机和更多的情感来促使我们保护自然，传递给后辈由自然所展示出的艺术杰作。

第一章

织网

1

永久联盟

我发现我在愁苦的深渊的边缘，深渊中聚集着无穷无尽的轰隆的号哭声。它是那样黑暗、深邃、烟雾弥漫，我无论怎样向谷底凝视，都看不清那里的东西。“现在我们就从这里下去，进入幽冥世界吧，” 诗人面无血色，开始说，“我第一个进去，你第二个。”…… 他对我说：“这下面的人们的痛苦使我的怜悯之情露在脸上，你把这种表情看成了恐惧。我们走吧，因为遥远的路程在催促我们。”说了这话，他就先进去，让我也跟着走进环绕深渊的第一圈。

但丁·阿利吉耶里（Dante Alighieri），《神曲》
第四章　地狱

爱丽丝的冒险之旅发现了一个不只是能够吸引孩子的奇妙的地下世界。

事实上，我们对脚下的世界了解甚少。如同深渊般的海底，地下世界也是一种极端环境，大部分陆生生物无法忍受，但并不是所有。生命其实在以高压和摩擦为特征的不宜之地也能够找到适应的方法。在数百万年间，它们已经制定了适应策略，即使在最恶劣的地层中也可以完美活动。

就像我们在简介中提到的那样，由于是根部，它们与陆地上的菌菇

紫牛肝菌

形成共生。但是，哪些原因使这些永久联盟对于许多其他生物的生存和在地面上的功能至关重要呢？让我们来一探究竟吧。

利益“婚姻”

我游走于记忆中，似乎又看到一个女孩儿和家人一块儿在阿米亚塔山栗树丛中采蘑菇，麝香刺鼻的味道，大树舒缓的拥抱，只有大自然才能如此。我清晰地记得我的父亲——一位出色的真菌学专家——会根据面前的树告诉我可以找到什么样的蘑菇。这对我来说似乎是一种魔法，我并不知道“秘诀”在于这些植物和这些美丽优雅的生物间所建立起来的联系，而这种联系对于陆生栖息者的生存来说至关重要。我举几个例子，紫牛肝菌因其美味可口而备受喜爱，它与椴树、山毛榉、橡树、冷杉和松树共生。毒蝇鹅膏菌菌盖是鲜艳的红色，其上点缀着有致幻作用

毒蝇鹅膏菌

的白点，它和许多树种都共生，比如松木、白桦、栎树、山毛榉和红冷杉。

我的父亲教我如何解读森林及其森林中所有成员之间存在的复杂关系。我不会忘记父亲的忠告，永远不要踩踏蘑菇，包括被人们视为有毒的蘑菇，因为它们对于其他食物链的盟员来说意义非凡。简单来讲，那时他教我要尊重森林中的栖息者，避免我入侵它们的领域或是随意破坏平衡，正如我们将看到的，这条规则在今天比以往任何时候都更重要。

在自然环境中，植物的生长受限于光照，但更受限于土地的矿物质。其中两个主要的元素，氮和磷，其稀缺性限制了植物的生长，这就是为什么它们在农业中经常被使用。

磷基化合物通常是不溶解的，因此在土壤中的流动性不强，这就给植物造成了一些问题，它们需要发展非常广泛的根系统，需大量消耗能量才能在地面裂缝中储存这种元素。

但在土地中也有大量的菌类，它们会发展出线状结构，这就是真菌菌丝。这种结构生长十分迅速，能够在广袤的土层中进行探索，让植物有效获取磷基化合物。另一方面，菌菇的生长受限于土层中碳水化合物的稀缺性，而碳水化合物对它的新陈代谢十分必要，在此环境下，只有少数的可获取糖分的来源，为了从存在于腐烂植物的表面提取木质素和纤维素中的这些物质，菌菇发展出了完整的新陈代谢过程。一边是寻求磷元素的植物，另一边是“贪婪”于碳水化合物的菌菇。从这些互补的局限性中，产生了生命界最重要的共生关联之一：霉菌，在希腊语中是“mykos”，意为蘑菇和根茎、根部。这种联系在4亿年前就已经开始了：我们熟知的最古老的植物大阿格老蕨，可见于下泥盆纪时期，那个时期，它就能够和其他存在的菌菇形成共生了。大阿格老蕨靠根部存活，它十分依赖菌根来吸收土地中的水分和存在的营养物质。如今认为，超过85%的维管组织植物能够建立这样的联系。植物根据所涉及的真菌种类，基于它们的形态、生理和功能可以分为不同类型的菌根。

菌菇、树林和它们之间的秘密

菌根是生态系统发挥良好功能的决定性因素。得益于菌根网络的出现，土层结构可以变得更好。比如一种产自微型菇的糖蛋白（肾小球蛋白），它通过稳定和聚集土壤颗粒，限制侵蚀现象和冲刷所造成的养分流失。

此外还有更多影响，菌根对调节气候因素起到至关重要的作用。总而言之，它们真正代表了超过350千兆吨（1千兆吨=10亿千克）的碳沉积物，而只有30千兆吨是非菌根所储存的碳。然而由人类导致的土地

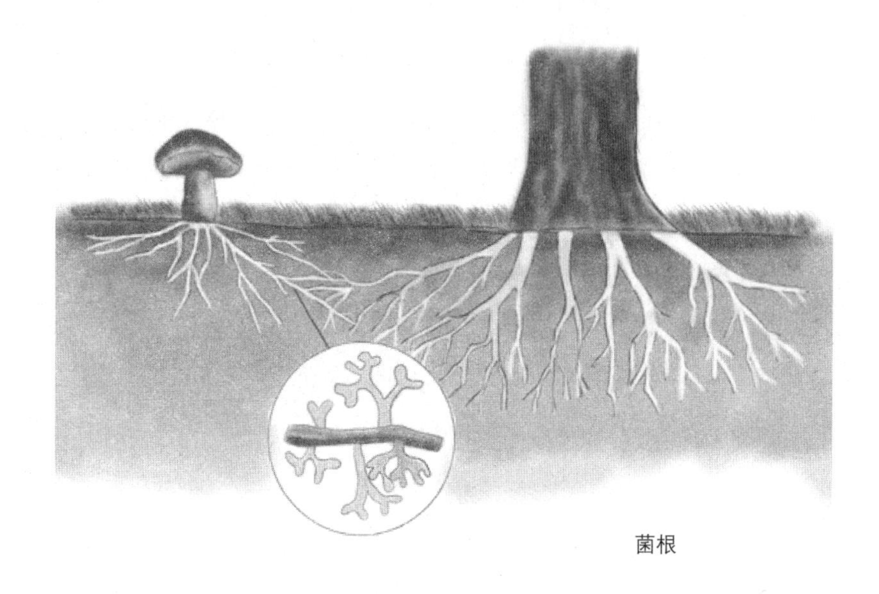

菌根

生态系统的变化减少了菌根植物，造成了陆地碳储量和其释放于大气中的元素量减少。这就是为何了解菌根组织特点和它们在地球上的分布是如此重要，它们的发现，并非偶然。菌根和树的共生，事实上是与气候因素相关的特定地理分布有关。2019 年发布在国际知名杂志《自然》上的一项研究提供了地球上微曲氏关联分布的高分辨率全球制图，这项研究由包括意大利在内的不同国家的科学家参与。科学家利用地球上的 110 万个网站共 2.8 万个树种的数据，将控制这种分布因素作为了解森林生态系统目前和未来功能的一个组成部分。此次数据分析是一项巨大工程，涉及国家数量多，投入研究时间多。此次合作以一种重要的方式有助于理解这些共生关系背后的规则，而次共生关系起源于数百万年前，它们营造出适宜的环境以欢迎人类的到来。

如果现阶段的碳排放依旧没有实质减少，研究专家预测，到 2070

年（一个并不遥远的时间），这些珍贵的共生体有可能会受挫、改变，进而造成地球温度的进一步升高。这的的确确是一场恶性循环。全球温度升高会改变和抑制土壤中菌根的形成。这些菌根会在较冷的地区形成，它们是从大气中吸收碳的最重要的菌根。菌根的减少正导致与其相关的树种生物量减少了10%，而此损失反过来又决定了环境中碳含量的增加，从而导致地球温度升高。

因此，简单来说，如果温度升高，在地下吸收大量碳存量的菌菇会被消除。显而易见，菌根是十分脆弱的，它们的机制和结构应该受到保护，以减轻地球温度的加速上升。行动起来去保护我们居住的生态系统才是我们唯一保护自己和我们生活方式的方法。

友谊与对抗：一个大自然故事

不是所有建立在植物和植物或植物和其他生物之间的联合，比如细菌或者菌菇，都可以定义为“合作”。植物与它们的邻伴会为水、空间、光照而争夺资源。在这场争夺中，会释放出一些用来对抗或者伤害对手的化学物质。

化感作用是研究生物体产生更多称之为化感化学物质现象的科学，它们影响其他生物的生长、生存、发展和繁殖。该词于1937年首次被生理植物学家汉斯·莫里施（Hans Molisch）在一本德语刊物中引入，为了研究一种植物如何影响另一种植物，他详细阐述了关于乙烯对水果成熟影响的研究。此外，莫里施还发现，当在玻璃钟罩下有些苹果时，野豌豆和豌豆植物根部的生长会受到抑制。

对该词的重新解释包括受植物在其他植物上散发的物质引起的直接与间接影响、积极与消极影响，此番解释由美国植物学家埃尔罗·伊莱昂·莱斯于（Elroy Leon Rice）1974年公开阐述，他凭借对此现象的创新研究而出名。* 植物化感作用是这些分子的“靶标”和供体植物之间相互作用的方式之一。

有时候，耕作者需要这些相互作用来以更加可持续的方式管理农业生产。

他们利用对抗疗法，通过对植物的刺激或抑制产生的影响来调节物种的生长和发育，并自然性减少杂草。

实际上，和其他植物或细菌相比，对植物释放物质所带来的抑制性影响的研究有悠久的历史。在中国，公元1世纪左右，许多植物物种能够释放具有农药特性的物质这一点已广为人知。《农业文化》一书的作者马尔科·波尔西奥·卡托（Marco Porcio Catone，公元前234—前149）曾表明“鹰嘴豆、大麦、葫芦巴和野豌豆消耗了土地，造成大麦减产”。老普林尼（Polinio il Vecchio，23—79）在他的《自然历史》一书中提到，黑胡桃树（称为“核桃”或“美国核桃”）对附近植物和农作物有抑制作用。

在更早的公元前300年，希腊学者泰奥弗拉斯托斯·埃雷索（Teofrasto di Ereso）已经观察到一种在草药上的苋菜的抑制作用，苋菜是一种自发性的杂草菜园植物。希腊哲学家和植物学家泰奥弗拉斯托斯是亚里士多德的门徒，他既充满魅力又具有创新精神。这位科学家的成果一直被笼罩在老师的阴影之下，实际上他完全可以被称为历史上第一位植物学家。

---

* 莱斯的著作《植物间化学交感作用》（*Allelopathy*）于1974年由美国学术出版社出版，它是第一本围绕化感作用发表的英文书。该书于1984年修订再版。

泰奥弗拉斯托斯无论对植物的食用价值还是观赏价值都怀有浓厚的科学兴趣。在他被翻译为拉丁文的作品《探究植物》和《解读植物》中，他研究植物的形态学和分类法，以及各自的生理学繁殖。在我看来，他对于植物界的生态学看法就是其作品中非常独具匠心的一方面：动物可以自由活动，然而植物却只能受土地束缚，以此来获取土地的滋养；因此，为了找到更有利于在“自己”领域生存的条件，它们会采取一些策略。此定义与目前的生态学和生态位概念十分相像。

“生态学”一词起源于希腊语“oikos”，意为“家”或“生活之地”，“logos”则意为“演说”。因此，“关于生存环境的演说”包含所有出现的生物有机体以及所有使环境更宜居的作用过程。我们可以说，生态学是来研究“家之生活”的，在这个“家”中，所有生物体和与此相关的环境之间的关系发挥了至关重要的作用。

泰奥弗拉斯托斯是此领域的先驱，他早已知晓将植物视为具有“自身尊严”的生物有机体来研究的重要性。

除了形态学、繁殖、生理学以及生态方面的研究外，泰奥弗拉斯托斯提出了一个可以反映出植物特点的新术语，并且第一次尝试将其归类。但他的研究成果却被过早地遗弃，而他对于植物的研究被归为制药和医学的目的。在他之后，亚里士多德游走间创立的学校不复存在，而他的许多手稿也随之丢失。从科学角度来看，以动物为中心的方法的局限性，以及较晚才研究植物在生态系统中发挥的基础作用，这并非偶然。

受人类威胁的平衡

植物和自然界都告诉我们，互助共生或者合作力都是一种可采用的方法，以此达到自然界所有生态系统的融合，并且增强在恶劣环境下物种的适应力，将更强的适应特性传递给后代。

当人类毫无准则地参与到生态系统中，改变迷失于时间迷雾的起源合作时（你们还记得当我和父亲在树林中采集蘑菇时他的告诫吗），那些恒久联合可能会中断，而造成的后果尚未完全预见。

地球上的菌根网络就提供了一个较好的例子，表明了由于人类不加分辨地一味干预给植物所造成的伤害，但显而易见，还有很多其他数不胜数的例子。如果不是为了扩大讨论的范围，我更倾向于讨论另一个动物界极其微妙但又十分重要的联盟：珊瑚虫和单细胞藻类间的联合对热带海域的生物和所有植物的生存发挥了基础性的作用。

在佛罗里达州北部和南部之间的海洋一侧有一些奇怪的岛屿，它们是广泛存在于南太平洋的珊瑚环礁。被淹没的部分形成一个可以给许多生物提供庇护的环形塔，并形成了世界上一些最活跃和最复杂的群体。查尔斯·达尔文（Charles Darwin）在乘着小猎犬船所进行的著名航行中，发现了珊瑚礁，初见便称之为“岛屿潟湖”，因为这些珊瑚礁由连接内部环礁湖和开放海域的海峡隔开，因此可以保证水域的流动更新，进而维持珊瑚礁的健康状态。

当一座火山进入活跃状态并且从温暖的热带海域中浮现出来，便可见一个珊瑚礁雏形。如果火山口从海域中露出少许，一些动物和珊瑚的幼虫会在浮游生物中自由游动，聚集在浅而清澈的海水中，并安定在它们的新住所。珊瑚虫属于腔肠动物或者刺胞动物（水母、海葵和水螅也属于此类），身体呈圆筒状，有 8 个或 8 个以上的触手[*]。

所有形成珊瑚壁垒的珊瑚虫会和虫黄藻类构成共生体[**]。为了汲取营养物质，单靠珊瑚虫自己捕获的浮游生物是不够的，为此，它还需要虫黄藻[***]，而虫黄藻是藻类，它需要光来进行光合作用。

藻类通过光合作用，为珊瑚虫提供营养和能量，而后者捕获的食物及其废物以氮和磷的形式又提供给藻类。这种共生关系也利于珊瑚骨骼的沉积，由于生活在黑暗缺少藻类的环境下，红珊瑚比在正常环境条件下以更加缓慢的速度使碳酸钙沉积。藻类光合作用可以减少大气中的二氧化碳，加速碳酸钙的产生，并且在调节地球气候方面同样发挥着重要的作用。

总之，珊瑚虫为海藻提供受保护的环境和光合作用的必要物质，与此同时，海藻会产生氧气，帮助珊瑚虫移除废物并且给其供应光合作用的产物，珊瑚虫将利用此产物产生营养物质，包括脂肪、碳水化合物和碳酸钙。此外，虫黄藻也能够变幻色彩，使一些珊瑚虫光彩耀人。珊瑚虫奇妙的色彩变幻也是反映它们健康状态最明显的标志，因为一个死去的珊瑚虫会失去所有的色彩，变得苍白脆弱，这就是“珊瑚白化”，是

---

* 珊瑚虫与水母和海葵同属于腔肠动物，也称为刺胞动物。具体来讲，珊瑚虫是无柄状的，是依附于一个地方（植物）维持静止状态的动物，而水母自由掌控生命，在海域畅游。在动物界中，章鱼和珊瑚虫这两类生物没有丝毫相似之处，尽管它们的意大利语单词（polpo 和 polipo）只差一个字母“i”。章鱼是拥有 8 只触手的无骨架软体类动物，它可以向任意方向移动身体，为此，它已经变成世界各地的许多软件机器人实验室中的神话，被当作模仿的对象来进行研究。

** “共生体”是指只能与其他生物共生的生物体，包括动物和植物。

*** 典型的地中海的红珊瑚也属于珊瑚类，但与其他生活在热带的亲系相比，它们生活在完全不一样的环境下。它们并不和海藻形成共生，红珊瑚更喜阴凉的遮蔽处（半黑暗的洞穴或是岩石裂缝），可以在 20 米或 30 米甚至 200 米深的水下发现它们的踪影。它们以生长非常缓慢为特点。古珊瑚曾被当成奇珍异宝，由于采捞过度，日趋濒危。

珊瑚虫和虫黄藻珍贵共生中断的直接后果。

但是，出于何种原因这种互助共生现象会如此重要呢？热带海域的海水，比如太平洋中心海域，可以说是不毛之地，或者说缺乏有机物质，并不像南极和北冰洋的冷水。因此，那里的珊瑚礁就算得上是各种各样小物种的苗圃，它们可以在此寻找庇护和营养物质，所以，这些丰富的生态系统是地球上生物多样性最丰富的生态系统，与热带雨林不相上下。然而，它们也极其脆弱，正受到地球温度升高和海域污染的恶劣影响。

2005 年，在东加勒比地区发生了最大的珊瑚白化事件，引起了公众的关注。我本人在 2018 年访问时，曾亲眼看见了澳大利亚珊瑚礁的白化。

1768—1769 年，英国探险家詹姆斯库克船长第一次接触到澳大利亚大堡礁，它有着相当大的范围，距离昆士兰海岸 2300 千米。大堡礁

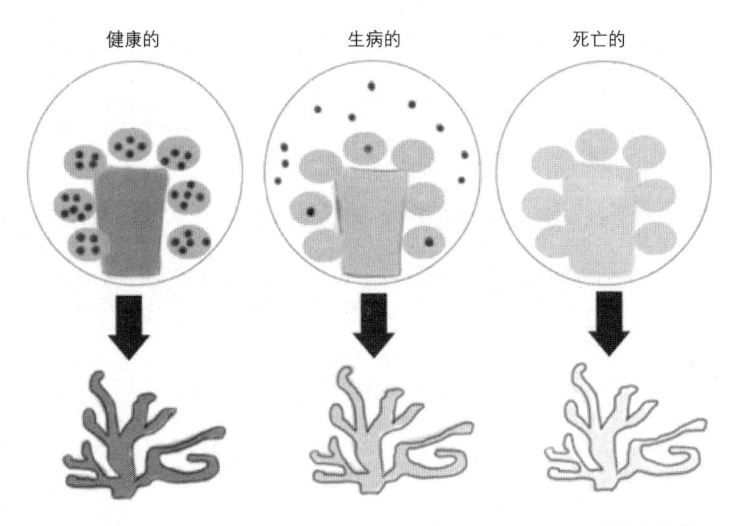

珊瑚白化现象

由大约 200 个石礁和成百上千的参差不齐的珊瑚礁小岛组成。整个大堡礁的面积相当于意大利的国土面积，这里是无数海洋生物的栖息地，有 1500 多种鱼类，600 多种珊瑚虫和 30 多种不同种类的海豚和鲨鱼。只从空间范围来看，大堡礁是世界上最大的珊瑚礁群，但如今，很不幸，由于气候变化和水温升高，大堡礁面临着巨大的白化威胁。

近些年，全球大部分珊瑚礁中观察到的白化现象的原因已得到验证。一般情况下，当珊瑚礁长期处于高于正常温度 1 ~ 2℃时，其内部的虫黄藻无法生存，不能再为珊瑚虫提供必要的营养物质，珊瑚虫必须从悬浮的浮游生物中来获取营养物质。但是如同我们所知，热带海域的海水缺乏营养物质，白化珊瑚礁的生长能力受到损害，情况日益恶化，在更小的聚集区，甚至可以导致珊瑚虫品种灭绝。

伟大的法国探险家、海洋学家雅克·伊夫·库斯托（Jacques-Yves Cousteau）在海域方面颇有研究，我在阅读其著作和观看其纪录片时受益颇多。他其中一本著作的初心便是想启发人们去热爱这片环境和栖息于此的生物。我觉得他书中有一段话可以简单有效地概况这种栖息环境的复杂性：

> 由无数代的小息肉珊瑚和海藻构成法老珊瑚结构。而构造大堡礁的两个至关重要的元素便是碳酸钙和时间。除了珊瑚世界，在海洋中没有一个动物能和环境如此契合，这是一片值得我们尊重的区域。

珊瑚群生长十分缓慢，想要达到 1 厘米的分支直径，需要 40 ~ 50

年；若要高度生长至 4 厘米，则平均需要 20 年。而对于人类来说，掠夺、威胁或是潜在伤害它们，只在片刻之间。而基于所有的影响来说，它们都是大自然的建筑杰作，是令人赞叹的和谐与平衡原则的象征。

我们应该认真反思在我们的家园中我们和未来人类所做的一切。

自然之课

现在我们离开困难重重的珊瑚礁环岛，回到那布满菌菇的静谧树林。近些年，建立在树和菌菇之间的奇妙共生通过它独特的功能已经得到快速的发展。计算机科学家蒂姆·伯纳斯·李（Tim Berners-Lee）发明了我们所熟知的万维网，而由植物的根和真菌菌丝创建的地下网络，就是生物版的万维网。事实上，人们发现它不仅参与植物和真菌之间的碳、氮和糖的交换，而且还是植物用于远距离通信的网络。

树木使用菌根来警告同类处于危险之中，例如，在被昆虫袭击后，一棵树穿越数千千米，通过地下网络“跑”向另一棵树并发出警告，接受警告的树木能够处于机械防御状态，减少潜在威胁。许多研究表明，形成菌根的植物由于此原因而生病的概率更小：与菌丝体相连的那些会激活抗昆虫化学防御，而没有菌丝体的则不会。

基于这种网络，单株植物的感知能力增强，对信息的处理能力也增强，其连接类型多种多样，并显示出高度的可塑性和活力。其实，当属于不同种类的植物共享同一种共生菇，尔后它们之间会有真菌菌丝连接，通过菌丝，矿物营养物质会被吸收并且转移到寄主植物上。

研究这种共生关系的科学家在对加拿大的花旗松林的研究中发现，通过菌根网络，当这些幼苗和较老的树连接时，新的幼苗明显更大，更加具有抵抗力。

最近一项研究也发现了番茄植物可以交换它们的电信号，它们能够通过连接到其根部的菌根菌丝和不同的物种进行交流。研究人员也进行了实验，并在电脑上进行模拟以解释此行为，并证实了番茄的根部位于地下并没有彼此分离时会发生这种行为。但原因目前仍然是一个谜。

从生物学角度来讲，巨大的自然网络也是那些研究新科技人员的灵感来源，事实上，对菌菇和植物间的共生研究也有实际的应用。从菌根网络组织的研究中，可以分离出监督远程通信活动的一般操作规则，这些研究也将为产生新的信息方法和机器人网络提供灵感来源，而它们将基于自然网络原理的策略相互连通。但除此之外，还有更多值得我们去探寻。

植物和它们的根部已经成为非生物领域分析和模仿的对象，比如机器人研究。在蓬泰代拉意大利理工学院，我负责参与的研究小组创造出了第一个“类植物”，一种从植物根部远程原理汲取灵感而发明的探索地下环境的新一代机器人。*

正如我们在本章节一开始提到的那样，在接下来的章节我们能够更好地明白，地下土壤可以被定义为一个极端环境。在短时间内我们可能很难去理解，因为我们已经习惯将“极端”环境和深不可测的海洋的深度、含盐量极高的湖泊、干旱的沙漠或极致的冰雪地带联系起来。但几厘米深的土壤内是一种高压环境，在其内部移动的生物体与土壤间产生摩擦。植物根部通过尖端，也就是离茎部和树干最远的地方开始生长。细胞分裂，就是所说的有丝分裂，细胞伸长的过程是由周围环境中吸收

---

* 若要详细深入了解此话题，请参阅 B. 马佐莱（B.Mazzolai）于 2019 年于米兰的隆加尼西出版的《天才自然》（*La Natura geniale*）一书。

水分触发的并产生向下的推力，使根部能够进入土壤。这是一种伴随植物整个生命周期的不确定生长，我们的机器人就是从这一过程汲取灵感的。

类植物可以说是为土壤监测（显示重金属等污染物的存在）和农业（水、氮、磷）而生。

在未来，类植物可能被用在太空领域或医药领域。除此之外，根的结构在了解土壤稳定性方面发挥着重要作用，而这些信息也有可能用来制造人造根系机器人，以应用于巩固土壤，避免山体滑坡和塌方。

以植物为灵感的机器人技术不断被应用于实际中。正如我们在结论中看到的那样，这个消失在时间迷雾中的自然共生网络所构成的世界可以促使我们构建出一个新的研究方案——“信息森林”，在这个“森林”中，机器人可能会成为自然生态系统中的成员，并且帮助我们更好地了解“地下”所发生的一切。

自然为科技提供灵感，科技服务自然，这便是我们所憧憬并期待的未来：拥抱世界并支持其发展的科学。

2

无形之物

被暴晒到酸软无力的地，
苟延残喘地在裂缝中长出了野豌豆。
偷窥红色蚂蚁的迁徙路线，
时而散沙一盘，
时而整齐划一，
从那直到干草堆的顶上。

埃乌杰尼奥·蒙塔莱
(Eugenio Montale, Meriggiare)
《午休，苍白的沉寂》

自从它们出现在地球上以来，根部便编织了一张紧密的“关系”网络，并不仅仅局限于通过菌丝和菌菇建立关系。在它们周围几厘米的地方，形成了一个“多种族的社会”，被称为根际。在这里，我们会发现一群形态各异的小生物体，除了细菌，也有寄生虫、蚯蚓、轮虫类等。它们中的每一个个体和团体都对环境发展起到了促进作用，比如菌菇和植物，它们可分解有机物质，释放矿物质。从根部角度来讲，根部会在土壤中释放出名为“渗出物”的有机物质，增加根际营养物质的可用性，并为异养微生物提供碳源。

这幅在我们脚下相互间作用的微小生物的画面，让我想起了儿童文学，它们讲述了像格列佛在遥远地方的奇遇一样的交织世界。外科医生格列佛，驾着帆船到达了一个叫小人国的岛屿，在那里他碰到了许多当地居民，即使是当地最人高马大的男人，也才刚足 15 厘米高。小人国的居民从未停歇与邻国布来夫斯库居民的斗争。他们与格列佛的第一次相遇也并不完全友好。在格列佛眼里，这些小人国的人表现相当古怪，更是微不足道。但后来的一场风暴让他在布丁那格靠岸，并被一个高 22 米的巨人救起，那一刻他也感到了自己的“微不足道”。

我想详细谈谈最初被低估的小人国居民，格列佛对他们的初始印象可以说是本能的反应。我们通过自我的感知去评判这个世界，* 而毫无疑问，外表是我们最直接看到的东西。同样的科学方法建立在观察之上，当一个东西特别微小，以至于被我们所忽视，我们会本能地认为它们并不存在或者无关紧要。

如果没有显微镜的辅助，我们肉眼是无法看见那些根际栖息生物的。这是限制我们理解生态系统复杂性的一个因素。我们无法看见它们，所以许多时候我们就以为我们脚下的世界并不有趣，顶多只是少数动物如鼹鼠、旱獭挖洞居住的地方。由于我们被剥夺了观察它们的机会，我们并没有认识到它们在地表以上的自然系统发展中的关键作用。

但这些栖息在根际的生物体是什么？它们如何帮助我们理解调节我们所生活的地球之上的复杂现象的机制呢？

根际的奇妙之处

首先，我想邀请你们思考一件事情，土壤之中生物的多样性和丰富性甚至比它上面的还要多，“一勺”土壤中的生物量比地球上的人

---

* 乔纳森·斯威夫特（Jonathan Swift），《格列佛游记》，第一版本，1726。

还要多。

在2019年5月17—19日曼托瓦市（Mantova）举办的食物与科学节上，我很幸运亲眼见到了科学工作者们在维琴察·瓜尔涅里（Vicenza Guarnieri）组织策划的一个互动展览——根际，地下的生命。参观者有一种进入了构成土壤的物质颗粒的感觉：人们能够加入植物和菌菇建立的连接之间，但同样吸引人的还有可以观察虚拟的蚯蚓、蜘蛛、蝎子、螨虫、轮虫、千足虫等在它们栖息地的活动。

正如我们在本章开头提到的那样，生活在地下的生物体对于人类和所有的生态系统都发挥了基础性的作用，如保持土壤肥力，有机物质的矿化，降解污染物，尤其是氮固定，抑或是将二氧化氮转化为更易被植物等生物体吸收的化学形式。这项微妙的任务涉及多种类型的“地下”菌类，比如那些可以和许多植物形成共生的根瘤菌类。

固氮微生物在生命周期中至关重要，因为氮有许多能被生物有机体大量获取的有机微粒，比如其中的氮基酸、蛋白质和核酸。我们吸入的空气中有78%就是二氧化氮，它的分子由两个原子紧密相连。当氮要进入生态系统的循环，必须转化成十分容易被植物和大部分生物有机体吸收的物质——氮化合物。微小的固氮生物体的任务是阻断氮原子的连接，并在分子转化中充当介质。在共生关系的情况下，植物当然不会“袖手旁观”，它们为菌类提供碳水化合物和蛋白质。简而言之，这是一个完美的组合！

我们经常认为细菌是危险的生物，是病原体，在某些情况下，确实如此。但这些微小的单细胞生物体，虽然只有1微米宽（百万分之一米），肉眼无法看见，但它们可以出现在各个地方，也能做些益事。一勺肥沃的土壤含有1亿至10亿分支的细菌，大部分细菌能够分解转化

（在腐殖质中）剩余有机物，这个环节对保持土壤肥力，以及调节土壤和水分关系至关重要。还有一些细菌能够分解一些危险的合成物质，如杀虫剂之类的。但是它们所能做的实际更多。如放线菌素、新霉素和链霉素，被用于化疗、治疗结核病或广谱感染的常用抗生素，都是从被称为放线菌的土壤细菌中提取出来的。

利于土壤中物种多样性的生物有机体很多很多，其千变万化的形状、颜色和适应性策略帮助我们了解自然之美如何蕴藏于多样性之中。生活在土壤中的无脊椎动物有很多，在此我只提及我研究动物学时那些激发我好奇心的动物。

让我们从线虫开始。这是一种小小的圆柱体蠕虫，常见于土壤表层，当然，并不是土层中的所有小生物都是益虫。无论是个体数量还是物种数量，它们都是迄今为止土壤中数量最多的无脊椎动物，它们几乎可以适应各种生活环境。农民对此十分了解，因为线虫会给农业造成严重损失，危害农业收成。为预防此情况发生，农民会用农用喷雾器来有效预防寄生虫造成的侵扰。

除了线虫，土壤中的微型动物之中还有缓步类动物，也被称为“水熊”，因为它们的身材就像一只非常小的熊，要用显微镜才可以看得到。缓步类动物有 1200 多个种类，它们彼此之间非常相似。它们几乎无处不在，其中一些也适应水域环境。它们会从嘴巴里喷发出尖刺来汲取植物汁液或刺痛其他动物。它们圆柱形的身体覆有斑点和具有防御性的尖刺状外膜，它们有 4 对附肢，末端带有钩子。水熊移动十分迟缓，但这并不是它们的独特之处。缓步类动物的超级之处在于，当它们居住的环境变干的情况下，它们会消耗掉大量水分并且保持休眠状态，这好比“冬眠”。

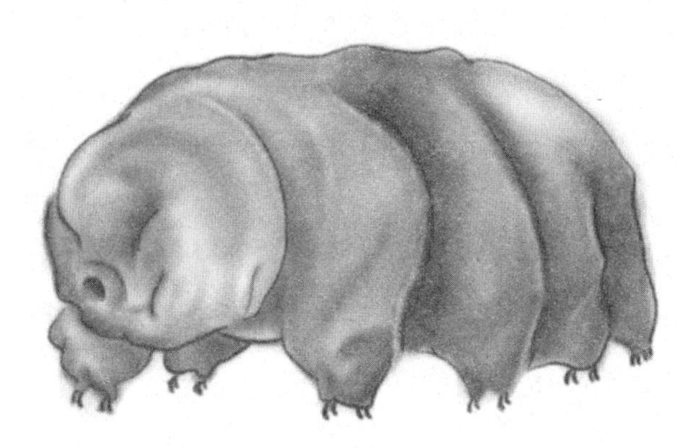

缓步类动物

这是缓步类动物的生存策略，它们可以在极端恶劣的环境条件下生存数十年，以此等待获取水分和生命所需的必要湿度。在古时候，这种方法可以允许它们脱离水分条件的束缚，去拓展“领土”。实际上，在生物进化期，它们就已发展出可以保护细胞生物膜免受脱水造成的意外伤害，这是一种其他生物体无法实现的保护机制。但还有更出人意料的，当水分循环回到它们栖息地时，缓步类在一个小时之内便可以“重生”，重新从头构建自己的生命功能，精准结束之前它们所处的休眠状态。这难道不令人惊讶吗?

缓步类也被称作“极端分子”，因为休眠后，它们会推迟生命活动，并可以在更加极端的条件下生存。从极地冰川到茫茫深海，再到沙漠，到处都可发现它们的身影。缓步类甚至能够暴露在宇宙射线下，在真空抑或在极低温度下也能生存，所以在北极多有缓步类。在这个热衷于太空探索的时代，许多人认为太空任务从长远来看具有战略意义，是为了保证人类的生存，人类幻想能够去火星或者其他更遥远的未经勘探的星球，在那里人类可以继续生存。但是，这些和玩具小熊相似的缓步类小生物已经做到了。它们是星球上最具耐力的动物，能够忍受 -180℃~ 150℃的温度，还可以承受数千个大气压，甚至生存于宇宙空间。

在土壤中，我们还可以找到另一种生活于苔藓之中或淡水区域的“隐形”无脊椎动物（长 0.1 ~ 0.5 毫米）——轮虫类。

我与轮虫类的初次相遇是在大学时期。在研究动物学课程的实验室里，我最喜欢的活动之一便是在显微镜下观察这些微小动物的移动。特别是乌龟形状的漂浮轮虫——龟科，它们从载玻片的一端到另一端旋转着进入视野。看到这些如此奇特，和我们完全不同且容易被忽略掉的动物会让人异常兴奋。但这不就是生命十分重要的一部分吗？我们完全习惯于周围的生命形式的多样性，以至于不再去过多关注。但如果做一个小实验，写下一列涌入你们脑海中的生物名字，不用思考太久，你会吃惊地发现你会列出一大堆，甚至我们小时候看到的一朵花或一个奇怪的“小怪兽”都会从记忆中蹦出来。

在显微镜下，带有透明小袋子的圆柱状或球状的轮虫类出现在我眼前，它们用边缘旋转的花冠类纤毛将食物（或者其他浮于水中的生物体）运送到口中。这个旋转运动就是它们名字的来源。它们也有其他的结构，比如具有附着功能的器官，有时带有鬃毛感觉系统的吻突。这类生物的雌性群体比雄性群体更加庞大，但一些属于蛭态轮虫类的物种完全没有雄性的存在。轮虫在水下的平均寿命大概是 30 天，它们也可以像缓步类那样在休眠期保持“脱水”状态。这一定导致了 6000 万年来无性繁殖的选择：这是在极端条件下，跨越不可否认的苦难而找到伴侣的最好的方法。然而，从生物进化角度来说，无性繁殖通常是“不建议”的，因为随着繁殖主体的削弱，基因变异性会得到限制。最近研究表明，轮虫类脱水后，通过修复它们的 DNA，会增加遗传基因变异性。为了达到这一点，它们利用周围环境可得到的DNA。而DNA来源于其他生物体，比如细菌、原生生物、藻类、菌菇、植物和苔藓。和永久生活在水域中的那些相比，生活在干燥环境下如土壤中的轮虫可以被更频繁地观察到。尽管这些DNA变异发生的频率非常低（平均每7.8万年出现一个外来基因），但也足以引起基因易变性，增强物种适应极端天气的耐力。

大自然不断以其适应性的措施让我们惊叹不已，并且告诉我们一切都不像看起来的那样。这激发我们不断去探索，因为看似简单和微不足道的东西从来都不是所谓的那样。

蚯蚓的案例和其他具有生物启发性的故事

毫无疑问，居住于这片土地上最出名（我们大家都很了解，尤其因为我们从小都和它们玩儿）的小动物便是蚯蚓，也是最具代表性的寡食性动物。从动物学角度来看，它们是环节动物，因为它们的身体由一个接一个的环形组成，从而形成管状。看似虽微不足道，但这些无脊椎动物无论从形态学抑或是生态学角度来看，都很有趣。

从环节动物可以追溯在地球上最常见、分布最广的节肢动物门的先祖，昆虫、甲壳纲和许多其他动物也属于节肢动物门。对我和我的同事而言，这些动物代表是具有挑战性的研究对象，基于对它们的研究可以开发在探索土地时能不断调整自己身体的柔软机器人。

蚯蚓在全世界广泛分布，它们生活在草原、森林、花园和耕作区的土地上，但更喜欢黏土地。

正是由于蚯蚓自身的灵活性和可弯曲性，它总是让我着迷。它有着十分柔软的躯体，没有任何坚硬的组织或骨骼。蚯蚓虽然没有脚，但却照样在泥土里畅行无阻，这都得益于它们特殊的身体构造。首先，蚯蚓的身体由刚毛、表皮层、肌肉等构成，蚯蚓的运动就是依靠肌肉的伸缩和刚毛的配合来完成的。其次，蚯蚓的肌肉分为环肌和纵肌，环肌收缩时，蚯蚓的身体就会伸长变细；纵肌收缩时，它们的身体又会缩短变粗。环肌和纵肌交错着进行收缩，蚯蚓就能向前运动了。另外，蚯蚓的表皮层还能分泌大量黏液，从而使它们的体表变得湿润光滑，这也有利于蚯蚓在土壤中穿行运动。

为了让生物机器人重现蚯蚓的功能，我们不妨从观察其在泥土内部的移动入手，由于土壤是不透明的，这也绝非易事。我们一步步来解决难题，我们在一个狭窄的平行六面体形状玻璃容器中放置一些蚯蚓最喜欢的黏土，这样可以"强迫"蚯蚓在玻璃附近移动，并且能够利用相机拍摄到蚯蚓。我们观察到的结果十分有意思，蚯蚓在土壤表面和内部会采取完全不同的移动策略。当蚯蚓在土壤表面移动时，所有的体节都会以同样的方式移动，躯体也会相应地延长或收缩。当蚯蚓在土壤内部移动时，头部之后的体节会延长以此来连接土壤内部的躯体，而覆盖于皮肤上的刚毛会嵌入土壤颗粒的缝隙内以此为移动制造阻力。这样，蚯蚓可以依次连接躯体。但不仅仅如此，蚯蚓身体前端短小的部分的扩展会在土壤前部的位置造成裂缝，以便于它移动到所产生的空间内部，也会减少运动过程中的摩擦。

当我和同事们观察到这种现象时，我们脑海中浮现出利用同样适用性策略在土壤中的另一种运动，也是我们长时间正在研究的运动，那就是根部运动。正如我们所见，根部通过新细胞的增加从尖端生长而移动。当土壤变得更加坚硬时，尖端上部的区域可以增加直径的长度，以便土壤内部产生缝隙让它们可以更加自如地移动。在根部，会有一些十分细

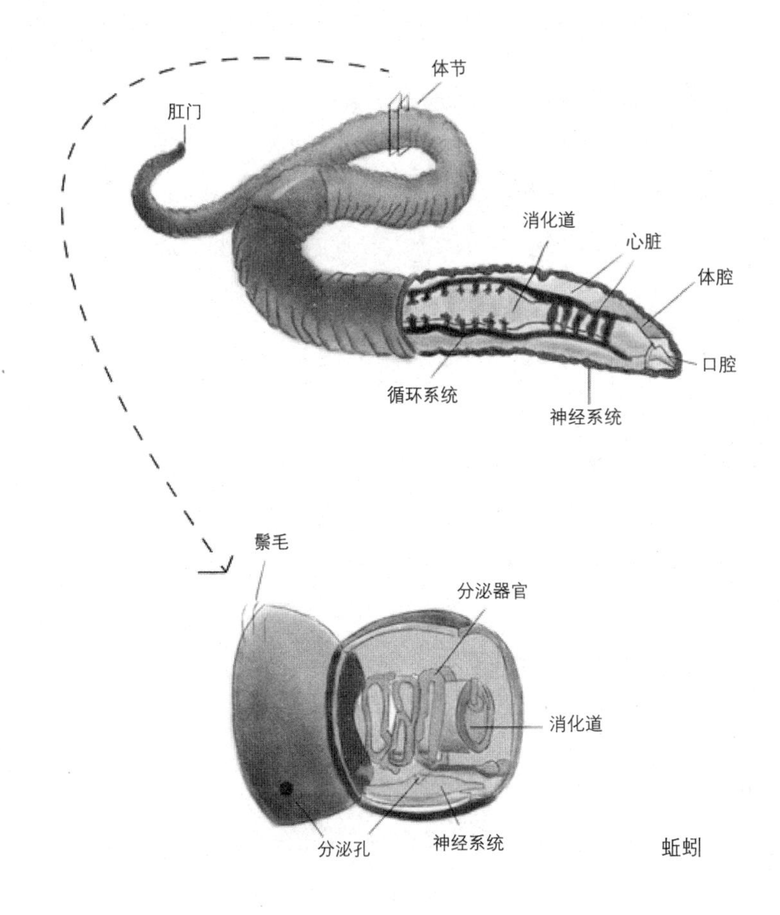

蚯蚓

小的绒毛，除了吸收水分和营养物质，这些绒毛也会用来连接在土壤中的尖端结构，蚯蚓的刚毛也有同样的定位功能。土壤中没有足部的生物体遵循同样的移动方法，因此环境及其规则会影响不同的生物体采取相应的策略。要设计出能够探索土壤的新型机器人也必须遵循同样的规律。我们的蚯蚓机器人，比如类植物，也是要考虑周围环境（压力、摩擦力、温度、湿度）的作用来设计，以便做出相应的选择。

比如在执行某个动作时，对环境的预测会影响机器人的移动和感知力，在设计层面加入这些信息，这在生物机器人实验室中是一个比较难以理解和发展的方面。

现在，我们再回到蚯蚓的生态作用上来，其运动的机械作用和化学作用（蚯蚓进入含有植物碎片和其他有机物质的土壤中）相结合，起到了一种对土壤的耕作作用，从而增加了土壤的肥力。蚯蚓所经之处，会留下碎屑和均质的食物，进而会形成利于植物生长的腐殖土壤。经计算，在一公顷的土地上（相当于一万平方米的土地），每年约有 60 吨的泥土通过蚯蚓的肠道，这确实是一个令人惊叹的数字。蚯蚓在体形上也很奇妙，它们的长度从短短几厘米到 6 米不等。

但无论蚯蚓的体形是大是小，正是有了它们不断地松土，空气得以循环并将氧气送达生活在土壤中的植物和其他生物体的根部。

除此之外，蚯蚓经过所产生的凹陷沟道可以增强土壤储存和释放水分的能力，并且提高土壤的排灌能力。

尽管蚯蚓的分布很大程度上取决于土壤的类型（它们较少存在于沙质土壤中），然而由于出现的各种原因，如缺水、化肥的滥用、土壤压实等，这些十分益于人类的可爱小动物的数量正在下降。

在农业中笨重机器的使用会使土壤变得紧实，随之而来就会造成某些特点的改变，比如土壤密度增加、含水量减少。像其他生物一样，蚯蚓也对各种变化特别敏感。物理挤压可能就是蚯蚓移动困难从而生活在更加紧凑环境中的原因。

除了蚯蚓，生活在土壤中的奇奇怪怪的生物还有很多很多。我并不想去讨论动物学，只是为了唤醒人们对这个极端未知世界的好奇，所以我就写到了这里。

但现在我们再回到这章开篇遇到的关键概念上来——观察的重要性。如果我们看不透土壤，我们如何完全理解土壤和生活其中的生物所发挥的作用?

科技可以再次帮助我们。土壤的不透明性是需要克服的障碍，因此就需要可以穿过土壤颗粒的设备，现阶段只有少数技术适用于这种观测，核磁共振（MRI）就是其中之一。这是一种非入侵性和破坏性的科技，可以用来获取二维或三维图片。假设我们要研究草本植物的根系，通过核磁共振获取图片里所包含的信息，我们就能研究茎中水分动力学及其输送。

多年前，我和我的团队曾与德国朱利希植物表型分析中心的科学家有过合作，他们利用核磁共振研究土壤中植物的形态。该设备是垂直放置的，以免干扰植物根部感知重力并跟随其方向生长的能力，这种现象在生物学中称为向地性。由于使用了这个仪器，我们能够观察到土壤里玉米根部的生长情况。我们发现，在较为坚硬难以渗透的土壤中，玉米根部的生长更加曲折缓慢，多亏在自然环境中对根部生长的观察，如今我们才能明确，为了增强植物在真实地面条件下的穿透率我们接下来的研究工作要关注哪些内容。

其他可以用来研究植物地下世界的创新性科技手段是 X 射线和中子计算机断层扫描，它们已经在多个领域有所利用，比如考古、艺术品修复、医药或生物领域。

这种科技用来研究土壤再适合不过，可以用来研究根系构造或土壤中根系的形状和分叉走向。有了合适的科技软件的辅助，我们就可以将植物根部和土壤中其他部分区分开来，以便更仔细观察根部构造是如何实质性地影响营养物质的吸收和水分的变化。

科技和科学之间存在着紧密的联系，两者可以相互配合，从而产生无尽的良性循环。历史总是充满科学探索的发现，这应该归功于新科技的出现，它们可以使那些基于生命不同面的自然、物理或化学现象的研究更加深入透彻。

在此情况下，我确信我们如今正在设计的未来机器人也会参与其中，通过研究生物及其在栖息地中的适应能力，越来越从观察自然开始。在并不遥远的未来，孩子们在学校可以通过受自然启发而发明的机器人去更好理解一株植物、一个蘑菇，甚至一个细菌如何生长，而这将是十分合理普遍的现象。致力于教学目的的机器人的使用是我伟大梦想中的一个。事实上，学校教育和持续培训是唯一能够让我们更好地了解每个人在地球上所发挥作用的方式方法。

旨在保护它们的具体行动的实施，取决于对地球上发生的所有现象所基于的微妙平衡的认识，以及它们与我们生存的相互联系。在这种背景下，正如我们所见，调查研究发挥了不可替代的关键作用：研究是为了了解，进而理解，最后可以采取行动。而我们也越来越需要迅速采取行动，以确保我们和后代不仅仅有更好的生存机会，更重要的是拥有无与伦比的生活品质。

当今，人类必须满足的最紧迫的需求之一，便是从能源角度出发研究和提出新的解决方案：我们需要更少污染、可持续且充足的能源资源。

虽任重而道远，但是植物会在这个新的征程中带领我们，我们可在接下来的篇章中继续讨论。

第二章

能　源

3

能源故事的来龙去脉

本人深有感悟。

朱塞佩·安加雷蒂·玛蒂娜
（Giusseppe Ungaretti, Mattina）

能源生产代表的是工业革命的发生和如今围绕在我们周围所看到和利用的一切实现的中心环节。每天早晨，我习惯于把电脑连上网络，然后开始工作，虽仅仅需要不到几秒的时间，于我而言，这代表了一种自动化。然而，在这个简单操作的背后却有无数的科学家和天才发明者的努力，比如，本杰明·富兰克林（Benjamin Franklin）、亚历山德罗·沃尔特（Alessandro Volta）、路易吉·加尔瓦尼（Luigi Galvani）、查尔斯·奥古斯丁·德·库伦（Charles-Augustin de Coulomb）、迈克尔·法拉第（Michael Faraday）、安东尼奥·梅乌奇（Antonio Meucci）等。在不同的时代，他们致力于构建、定义现代社会，从而可以使我和其他数百万、数亿的人如今可以居住、工作、娱乐、旅游、学习、交流等。

但早在他们之前，是另一位更为天才般的发明者——大自然——创造的时代。长期以来，大自然为我们提供先进技术发展及先进社会所依赖的所有主要能源的基本成分。但它们是如何形成的，是怎样发挥其作用且持续不断地滋养我们这个社会的呢？它们在生态系统平衡和能源内部消耗需求满足之间的关系是等价的吗？说到对环境和健康的影响，它们都可以称为对自然能源平衡的“单纯奉献者”吗？最重要的是，植物在能源方面的具体贡献是什么呢？

煤炭

我们再次开启在地质时代的畅游。乘着时光机，我们穿梭回 3.5 亿—2.8 亿年前——石炭纪。我们降落在如今为非洲大陆的某个区域。炎热

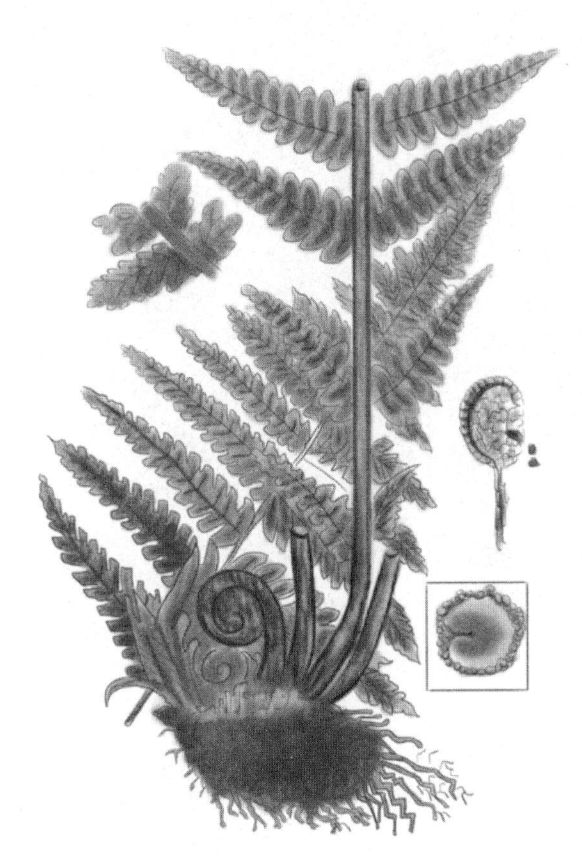

蕨类植物其中某一细节展示

潮湿的热带气候使得绿色植被得以广泛覆盖整个大陆。现在，在我们面前呈现出一大片滇石梓蕨类，它环绕着一望无际的沼泽地。哇，这就是潘多拉！当我们穿过它们时，枝叶会掠过我们，我们会在其中发现大量的木贼和石松，如我们在前言中所讲，它们十分易燃，因被用来制造烟花和炸药而出名。

银杏

走进森林，植被更加多样，我们被树木簇拥着，其中不乏一些参天大树。广袤无垠的石炭纪森林主要属于现如今所归类的针叶树，如松树、柏树、红杉等。

从上侏罗纪，也就是 1.9 亿年之后，针叶树渐渐发展，出现了柏树、松树等，它们都和现如今典型的树科类十分相似。

在森林里，我们还会撞见十分美丽的典型铁树。这些与棕榈树外观十分相似的植物现今广泛分布于植物园里。其实，从发展进化角度来讲，它们和古老的棕榈树并无关联，相反，这些古老植物和针叶树十分相像。被视为“活化石”的银杏是一种十分古老的树木，它的起源可追溯到 2.5 亿年前。银杏最初来自中国，因其叶形分为两瓣，形状像鸭掌，又被称为鸭掌树。它是一种十分长寿的植物，寿命长达 1000 ~ 1500 年。

数亿年之后，石炭纪的树木会在现代社会的发展中再次起到关键作用，但可悲的是，它们会慢慢消失。或乐观来讲，它们转化为了碳。石炭纪时期的广袤无垠的绿色植被覆盖了我们的星球，如今，并没有留下一丝踪迹。但即使没有它们留下的化石作为证明，奇迹还是在此发生。植物石化的过程也称为碳化，即所有的有机物质都完全转化为碳（因此，连化石遗骸也消失不见）。这种现象的发生主要由于特定厌氧菌的作用，通过消耗现存的氮和氧，它们会破坏死去植物的组织，久而久之，碳不断增加。

这就是为何这片巨大的古老森林的遗迹构成了大型化石煤矿床的基础，石炭纪的名字也由此而来。

总之，千百万年之后，即 18 世纪中期的工业革命起源期，石炭纪的古森林是翻天覆地的社会经济转型的构造者。自古以来，被用以取暖和制作宝石的碳在此时期成为人类主要的能量来源。在 17 世纪初的英国，

铁树

人均碳消耗每年估计 200 千克，在下一世纪，数量翻倍，即 1750 年达到 800 千克左右。在那之前，煤炭的适度消耗意味着用木材生产的煤炭足以满足人类社会的需求，而到了 18 世纪，由于过度消耗森林资源，人们需要找到匮乏而又昂贵的木炭的替代品。在英国，煤矿几乎到处皆是，而古罗马人也已知晓英国地下富有这些奇怪易燃的“石块”。源源不断的需求加速了煤炭的开采，如火如荼的生产促使了从英国扩展到整个欧洲乃至世界其他地区的工业化的发展。

正是有了煤炭，苏格兰工程师、发明家詹姆斯·瓦特*（James Watt）改良了蒸汽机：由煤炭生的火转化为水蒸气，以此来驱动机器运转。多年后，煤炭也用于路灯照明，特别是在像伦敦、纽约和巴黎这样的大城市。1900 之后，煤炭主要用于工业领域，尤其是电子和冶金领域。

不断地使用煤炭作为燃料给社会带来了进步和发展，但煤炭在燃烧过程中所产生的粉尘和释放的二氧化碳加剧了污染。在像伦敦或曼彻斯特这样的大城市，建筑物和树木被黑烟所笼罩。

有一个十分有名的欧洲白桦林飞蛾实验，其自然选择的进化过程恰恰就是受某些区域逐渐恶化的污染的影响。这种小飞蛾之前有白色的翅

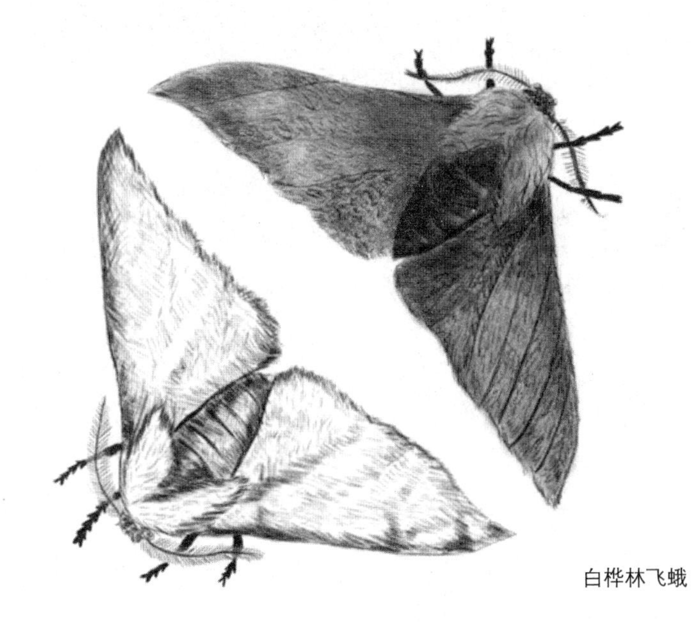

白桦林飞蛾

* 为了纪念这位伟大的发明家，如今“瓦特”作为国际计量单位制中功率的计量单位。功率是单位时间内所传递的能量，也是物理系统产生和使用的能量。

膀，缀有深色斑点，主要生活在白桦树林中。而到了 20 世纪中期，英国各地区逐渐出现典型的深色蛾子。究竟发生了什么呢？由于煤烟影响，地衣渐趋死亡，树木颜色逐渐变黑，这样一来俗称“铁皮卡”的白色飞蛾就很容易暴露在以它为食的鸟类的视线中。

迫于进化压力，白色飞鹅做出积极选择，于是就产生了这种蛾的另一种变异——炭疽蛾。在短短十年里，由于人类的所作所为，比斯顿炭疽蛾取代了原始种类的蛾。在接下来的 20 世纪，随着煤炭使用的减少和沼气的引入，原始种类的飞蛾重新回到它的自然栖息地，恢复了往日的辉煌。

双色飞蛾的故事告诉我们，大自然是懂得适应我们时常造成的灾难性的变化的。而自然生态系统则由一场复杂的、微妙的同时又富于变化的平衡游戏构成。2020 年，由于新冠疫情，人类长达数月被迫待在家中，而大自然在进攻性地扩张，城市中的寂静驱使不同的动物在空旷的街道上“闲逛”，在“孤独”的喷泉旁饮水解渴。

无意间，我们可以借机重新思考自身和所有到来的事情的关系。我们并不希望这样特殊的局面再次上演，它会让我们反思在未来人类应该如何应对。

石油

旅程尚未完结。石炭纪环境下，由于早期爬行动物的出现和发展，节肢动物的繁殖，角鲨和海百合（形如棘皮动物，刺猬和海星也属此类）的丰富，一切都会更加有趣。我们离开了白垩纪，此刻位于中生代或次生代：泛大陆几乎达到了完全分裂的顶峰，主要形成了北部的劳亚大陆和南部的冈瓦纳大陆。

在白垩纪，即1.45—0.65亿年前，中生代的第三段也就是最后一段时期，地幔熔岩大量出现，地球不断升温。

火山的不断喷发导致大气中二氧化碳浓度升高，严重的温室效应便来源于此。在0.9亿年前，二氧化碳浓度和大气温度达到了顶峰。北极和南极的冰川开始消融，而强烈蒸发引起的湿热气候导致植物繁殖。此外，由于泛大陆的分裂，大陆的不同排列使洋流能够选择更合适的路径，以此将赤道上积累的热量重新分配到地球的其他地方。这利于以植物为食的微生物（浮游植物）和以它们为食的单细胞动物（浮游动物）在海洋中显著发展。这些生物死后与沉积物碎片混合，在海床上形成厚厚的沉积，这便是所谓的“黑色的油”——石油——形成的第一步。沉积地层在百万年间形成称为“母岩”的结构，母岩会于下世纪下沉到其他沉积物碎片下面。在特定的高压和高温条件下，浮游生物产生的有机物和岩层中包含的有机物会转化为石油的真正前身——干酪根。

而在持续的高温高压下，干酪根会产生由氢和碳构成的液态和气态（甲烷和乙烷）的碳氢化合物，这就是“汽油”。气态的碳氢化合物比前者更轻，它会上升到离起点非常远的地方。

没有必要讨论这种燃料的不同优点，因为它们也取决于石油的质量。19世纪中期以来，当人们开始从井中提取石油时，这种混合物及其副产品已经成为地球上主要的能量来源。

当我们告别白垩纪，至少要记住在向古新世过渡时所产生的巨大变化。就在这个时期末，一场大规模的灭绝发生了，导致大约50%的生物灭绝，包括恐龙、一些海洋生物和陆地脊椎动物、菊石，以及如今已灭绝的一群头足纲软体动物（真蛸、乌贼和鱿鱼都属于此类）。

清洁能源的发展

石油、煤炭和天然气都是地球的主要能量来源。如果我们不是处于最糟糕的噩梦中或是反乌托邦主题的世界末日电影中，我们无法想象一个没有能源的世界。然而，多年来，我们就已明白，使我们社会和经济发展的能量来源对气候会产生消极影响，甚至是潜在的致命威胁。

比如温室气体*增加、地球温度升高成了我们日常聊天的话题。除了森林砍伐和集约化农业的影响外，过去所有使用化石燃料的活动，如工业活动带来的二氧化碳和甲烷的排放、室内供暖、汽车的激增等，都是今天地球面临巨变的一部分。

可再生清洁能源的研究已列入多个国家的能源生产方及世界各地众多研究实验室的研发计划中，比如太阳能、风能、潮汐能、氢燃料和可控热核聚变的开发及利用等。尽管可再生能源的总产量仍未允许放弃化石燃料，但此领域的专家和任何对地球能源政策有决策权的人都已经下定决心规划这一项目。

特别是二氧化碳（CO_2）、甲烷（CH_4）的增加导致温室效应增强，全球变暖。

简单来说，燃料来源于植物界，并推动科技非凡发展，指引人类至今。而如今，植物背离我们的夙愿，与显而易见处于困境中的地球和精

---

* 温室气体直接影响地球能量平衡，特别是大气层的辐射进出平衡。太阳光线在穿过大气层的过程中一部分被反射，另一部分被大气层吸收转化为热量。热量以红外线辐射的形式消散到大气中。温室气体的共同点就在于它们能够吸收红外线。这些红外线不能穿透大气层，因此热量就保留在地面附近的大气中，从而造成温室效应。
化石燃料的持续利用、森林砍伐、农业工业化、畜牧业扩张和地球温度的升高导致的大气污染造成了大气温室气体的增加。

神濒临崩溃的人类进行斗争。你们不觉得它们有权这样做吗？然而，又是它们再一次给我们提供了解决方案，以此来弥补人类此前疯狂的行为所造成的损害。

首先，植物作为二氧化碳的神奇的储存库，我们已经看到它们能够在组织中吸收和固定二氧化碳，我们也充分讨论了菌根在此方面的作用，而菌菇和植物间的共生对维持自然生态系统健康和正常运转起到了至关重要的作用。显而易见，森林和植物就是我们抑制地球二氧化碳浓度的最佳联盟。而科学家们的确正在对此进行评估，寻找一种有效的方法来“阻断”二氧化碳排入大气中。但无论是较复杂的、科幻性的或是假设性的系统，都无法达到森林的自然效率水平。世界森林总面积约 40.6 亿公顷，占据世界总面积的 31%。世界上多半的森林分布在 5 个国家：俄罗斯、巴西、加拿大、美国和中国。这些地方就像世界其他绿色角落一样，都是人类的财富，那就需要不惜一切代价监测和保护森林。

植物除了净化空气中人类产生的有毒物质，它们所做的其实还有更多，比如，教我们如何制造和存储能量。由于树木和植物的固着性，它们会一直处于发芽时的位置，它们无法逃避干旱、酷暑、严寒，当暴风雨来临时，也不能藏在其他植物、石块或是动物的身后。为此，它们应该在短期、中期或长期内制定和发展适应机制，而这正是它们生存的基础。

并不是所有人都知道植物可以在数年、数小时，甚至短短数分钟内对环境变化做出反应。众所周知，树木长期暴露在强烈的风力下，会形成更紧凑的年轮和更密集的木材。在夏天，树木的树茎木质化，以此便可承托住秋日的累累硕果。但也有些植物在几分钟或几小时内会枯萎，或者根据水分条件进行自身的补水。

利用组织与外部变化的相互作用来节约能量是植物的基本功能之一，以此来控制能量消耗，将可支配能量用于正常生命活动和应对额外的重要需求，比如创伤或感染时就需要消耗能量以恢复到最佳状态。但是，仅靠一个适宜性的节能策略不足以维持植物的生命。这就是为什么这些生物体能通过叶绿素光合作用产生能量，正如我们在下一章节看到的那样。毫无疑问，这是天才般的大自然在做出反应和解决问题的杰作之一。

4

天才大自然的能量教学

嘘！那边窗户里亮起的是什么？
那是东方，朱丽叶就是太阳。
起来吧，美丽的太阳，赶走那嫉妒的月亮，
她因为她的女弟子比她美得多，
已经气得面色惨白了。

威廉·莎士比亚，《罗密欧与朱丽叶》

植物对能量平衡的概念并不陌生：一棵树通过光合作用产生的能量不能少于它的需求，否则它会“饿死”。对于异常繁忙的人类而言，植物似乎并没有太多作用，对他们而言，能量的概念可能是完全边缘化的。但事实真的如此吗?

在一般情况下，植物能做的活动包括但不限于：从土壤中汲取水分并通过木质部毛细血管传输给树叶；提取土壤中的矿物质；共生固氮，吸收空气中的二氧化碳；从树叶表面收集光合作用的产物；通过韧皮部系统传输代谢物；维持细胞膜上的电化学电位差；传输电化学脉冲；在细胞宏观水平上构建植物结构；根据外部条件变化，调整内部过程；过程调节；向性运动等。看到这里，你们可能会觉得枯燥无聊。

举个更贴近我们且更易于理解的例子：植物仅为簇叶部分和根部再生就需要大量能量，比如修复破损，建立抵抗寄生虫或入侵者的防御系统。为满足植物能量需求，进化过程选择了一种从光能到化学能的转换系统，而该系统几乎不受周围环境的影响。几乎被忽视的重要一点是，能够改变地球上的生命并给予我们日常奇观的是大自然。

我们一同去仔细探索一下神奇的植物是如何发挥作用的吧。

神奇的光合作用

生命中最迷人的生物现象便是光合作用，它将无生命物质转化为有生命物质（地球上超过80%都是植物生物质）。* 将光能转化为化学能的能力无疑是植物最宝贵的技能，此过程利用太阳光能使水分子和二氧化碳融合以形成葡萄糖分子或糖。此化学关系是由于存在微小颗粒中的特定色素，即叶面下方的叶绿体——叶绿素。植物中最重要的分子仅根据DNA（脱氧核糖核酸）就可吸收太阳光谱中除位于中间的绿色和黄色辐射外的所有颜色，尤其是蓝色和红色辐射，这也是我们看到植物是绿色的原因。

叶子是大多数植物进行光合作用的主要器官，它们的形状也并非偶然形成，而是由我们可定义为植物有机体“能量效率”的三个因素决定的。首先，叶片拥有能捕捉光能的较大面积；其次，叶片需要一定的薄度才能提供有效的气体交换，从而促进二氧化碳的吸收，并最大限度地拦截光线；再者，叶片需要运输系统将光合作用产物传输到其他树叶组

---

* 在最近一项发布于美国国家科学院院刊（PNAS）的调查《地球上的生物量分布》[115（25），2018，pp.6506−6511] 中，一些科学家调查了与生物有关的质量及其在各自领域和地球上的分布。这项分析得出了一些有意思的数据。由于此类研究固有的可变性，总生物量约为5500亿吨碳，而其中4500亿吨碳主要是陆生植物，动物则贡献了20亿吨碳，且主要是海洋动物；细菌大概为770亿吨碳，它们主要分布于深土环境中。人类及其所饲养的牛、猪和其他动物的碳量是其他野生哺乳动物的20多倍；同样，家养鸟类也超过了其他所有的鸟类。人类对植物生物量的确产生了影响，它们在1万年内数量减少了一半。

织，还可获取根部水分。正常来讲，不含叶绿体的叶面表皮并不能进行光合作用，但是却充当了“防水层”的角色，并且细胞通常将它们当作透镜来排列，将光线聚焦在叶绿体上。除此之外，叶面表皮也可吸收户外紫外线（UV-B 光线），以此可保护进行光合作用的细胞免受辐射的潜在伤害。叶子下部还有些肉眼无法看到的小孔，即“气孔”，气孔穿过表皮和角质层调节空气和水汽从叶子内部到外部的路径，反之亦然。*

除了叶绿素之外，其他色素也会对光合作用过程产生干扰，如类胡萝卜素可吸收其他部分的光。在从大气中吸收二氧化碳并产生碳水化合物的同时，植物也释放出氧气，作为光合作用的副产品。其实，我们靠植物排出的“废物”为生，这么说并不过分。

植物利用光合作用的大部分能量来进行自身的生命活动，如通过木质部传输水分，从土壤中提取营养物质生长、繁殖和抵抗生物竞争对手。而过剩能量，从可用资源的角度来看，则主要以淀粉或是不同葡萄糖单元组成的聚合物的形式储存，用于发挥不同的作用或当面临“困境期”时来消耗此能量。例如，这些分子储存在种子里以供发芽，当植物还没有生长出根部时，为了从土壤中汲取营养物质，它们对早期的生长阶段十分必要。依据不同种类，这些储存的能量也可累积在根部和块茎内。

总之，我们可以这样认为，任何在栖息地的植物绝对都是自给自足

---

* 气孔的闭合现象非常令人着迷，我们团队还模仿其渗透作用研发了人造马达或执行器。它们由叫作“保卫细胞”的两个大细胞组成，它们会界定一个小孔，根据需求，一个开放，另一个闭合。当水分充足时，保卫细胞也会肿胀，气孔开放，释放出水汽、光合作用产生的氧气和呼吸作用产生的二氧化碳。如果水分匮乏，细胞则会萎缩，变得“软弱无力”，气孔关闭。因此，水汽扩散会受到抑制，气体则以最低限度进行交换。

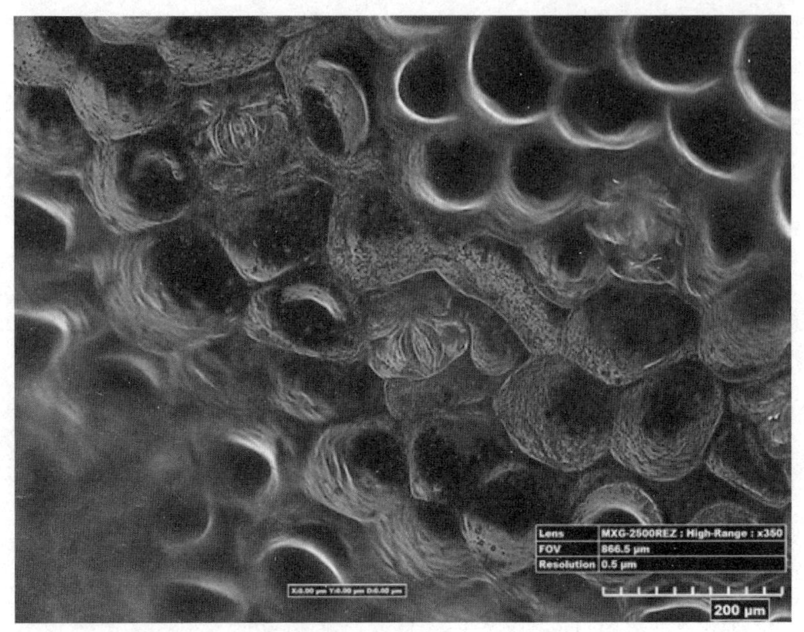

显微镜下观察到的叶子气孔开放时的状态

或是自养生物。

光合作用是一种较难证明的现象。早期对植物产生氧气的能力的研究可追溯到 1771 年。那时，英国化学家约瑟夫·普利斯特利（Joseph Priestley）观察到，在一个之前燃烧过蜡烛的玻璃罩下放置一株植物，植物可以生存，而且几天后，在玻璃罩下可以点燃另一个新蜡烛或让一只老鼠维持生存。从这些实验中，科学家推测出植物有再生空气的能力，并使环境条件也适合其他生物形式。

已故的荷兰植物学家扬·英根豪斯（Jan Ingenhousz）于 1779 年提出假设并证明了植物具有利用空气中的二氧化碳并将其分离以获取碳的能力，并随之释放出氧气。他还观察到，植物只有在光照条件下才释放氧气，此现象与绿色部分相对应。此外，这位科学家还发现，植物还可以完成细胞呼吸作用。和光合作用相反，此现象通过呼吸作用释放二氧化碳、吸收氧气，就如同我们呼吸一样。呼吸作用的生化过程利用氧气并通过生物分子分解成它们的基本成分（水和二氧化碳），渐渐释放出化学能量。与呼吸作用相关的反应发生在特定的细胞器中，即线粒体，它存在于所有的细胞中，包括动物和植物的。所以，你常听说不能在卧室放置植物，因为它们会在夜晚消耗氧气，对我们不利。其实，一棵植物生存所消耗的氧气量一定低于同质动物的消耗量。因此，考虑到植物对人类的放松作用，我们可安心地将它们放在床头柜上，充当我们天然的安神入眠药。

英根豪斯的研究证实了光合作用，而柯尼利亚·伯纳杜斯（Cornelis Bernardus van Niel 以一般微生物学研究而闻名）的实验证明植物光合作用依赖于光，其中水是形成氧气的主要氢供体。

英国植物生理学家弗雷德里克·弗罗斯特·布莱克曼（Frederick Frost Blackman）于 1905 年证明了植物光合作用的速度随光照强度增加而增加，且受环境温度的影响，但此种关系（大多数光照强度是高于光合作用的速度）仅适用于高达 30℃的气温。这一观察让布莱克曼得出结论，即在光合作用的过程中，既有十分依赖光存在的反应，也有特别受酶活性调节的反应，而酶超过一定温度就会失去效力。

现在我们就明白了，光合作用反应在两个期发挥作用：一个是依赖光的阶段，最终可以释放氧气；而另一个便是不受光制约的阶段，也被广称为“暗期”或“卡尔文循环”，以此来纪念一位美国生物化学家梅尔宾·卡尔文（Melvin Calvin），他率先记录了此时期可以产生有机化合物和糖。

总而言之，光合作用过程其实取决于一些基本参数：

光：黑暗条件下，不存在光合作用，产生的有机物质为糖分。

温度：气温低于 0℃，水分子凝固，则无法进行光合作用。当温度升高时，有机物产量增加，光合作用达到一个最佳值，并在 10 ~ 30℃间和不同物种间会有变化。而对于更高的温度，光合作用的速度会下降，直到在温度达到 50℃左右，速度为零。

二氧化碳：若没有二氧化碳，便不存在光合作用。随着其浓度增加，光合作用的速度也会增加，直到达到最佳水平。该水平也因物种而异。

在自然条件下，所有这些因素是彼此干扰的。大多数植物的光合作用过程是较相似的。生长于温和气候下的碳三植物（C3 植物）或生长在炎热但可获取水分气候下的碳四植物（C4 植物），光合作用时都需要打开气孔以进行气体交换（二氧化碳进入，氧气释出）。气孔关闭时，植物便不会进行光合作用。但也存在一些特殊的植物，尤其是那些处于极端干旱环境下或沙漠中的植物，这一过程会有所不同。例如，几乎所有在极端干旱环境下的肉质植物，为避免丧失本就匮乏的水分，它们白天会关闭气孔，但同样能够进行光合作用。在这些植物中，二氧化碳的“固定”分为两个间隔开来的阶段：晚上，开放气孔吸收二氧化碳，并通过羧化反应形成苹果酸存于植物细胞内的大液泡中，而且在一定范围内，气温越低，二氧化碳吸收越多。到了白天，关闭气孔减少水分蒸腾，再把夜间储于细胞大液泡里的酸性物质（主要是苹果酸，但也有天门冬氨酸）作脱羧反应，释放的二氧化碳进入卡尔文循环进行光合作用，并且在一定的范围内，温度越高，脱羧越快。

由于夜间温度比较低，所以通过气孔丢失的水分要比白天少得多，对于植物来说，这样的好处就是可以避免水分过快地流失，因为气孔只在夜间开放以摄取二氧化碳。

由于这种方式是在景天科植物上首先发现的，故称为景天酸代谢途径。仙人掌，还有菠萝、龙舌兰，它们就进行此类的光合作用。尽管这些植物进行光合作用的效率低于 C3 植物，但却可以让它们在极端环境下生存，这也再次展现出了它们非凡的韧性。

你们想想沙漠骄阳下动物快速移动的画面，动物这样做就是尽可能少地让身体接触到炽热的沙子。即使在那里，植物似乎不可能生存的条件下，我们的目光一定程度上还是会被绿色的肉质植物簇或是形状最为奇怪的仙人掌所吸引。此时我脑海中的画面从遥远的西部到由詹路易吉 · 博内利（Gianluigi Bonelli）创造的特克斯 · 威勒（Tex Willer），他陪伴了我童年时期的大部分时光（在我父母家里，漫画版随处可见）。

肉质植物也是唯一存活在我家阳台上的植物，可以说它们有着顽强的“体魄”。最有趣的是，在潮湿天气，比如暴风雨后，肉质植物能完美地进行“正常”的光合作用，即在白天打开气孔。植物真的是多面性及适应性大师。

人造光合作用

众所周知，我们人类是无法进行自然的光合作用的，但我们被植物这种神秘的能力所吸引。想想看，我们简单通过晒太阳来获得营养物质，不是很好吗？因此，如果当今全世界的科学家都在研究人造光合作用系统来生产出便于使用和运输的碳氢液体燃料，这将是一个相当有趣的过程，因为它并不会产生对环境有害的副生品，且会减少空气中的二氧化碳，从而改变环境变化带来的问题。

这样，就像树叶一样，即使人为光合作用应该也能有效吸收太阳光照。但如何能模仿光合作用？目前又取得了哪些成果？

绿色植物通过光合作用把二氧化碳和水合成富能有机物，并释放出对我们人类十分珍贵的氧气。

伊利诺伊大学的团队利用金纳米粒子，能将二氧化碳和水转化为燃料。金纳米粒子可以不用像其他金属那样分解和降解便可吸收太阳能。不妨想想，如果在这个迷人的研究领域工作的科学家提取大气中多余的二氧化碳生产能量，我们能享有多么大的经济和生态益处。然而，和自然过程相比，我们人为的发展过程无论本身有多不完美，仍有相当一段路要走。

植物花了数十亿年才发展出光合作用，想复制它绝非易事。目前，研究人员能够在实验室通过光小规模地从水中提取氢气，但若想商业化地使用，就必须对它们进行大规模复制，最重要的是，要能够实现经济上的可持续。目前，用于加速这一过程并借助阳光分解水的催化剂是金或铂，这两种金属都是非常昂贵的金属。

但是，人为光合作用的潜在性是巨大的，我们只能全力以赴支持那些正在积极应对这一挑战的科学家，希望他们能尽快取得对我们有价值的成果。意大利都灵理工学院未来可持续发展技术中心的研究人员最近已经公布了由集成原型构成的人造树叶作品，利用太阳能将二氧化碳转化为燃料。这种原型当然代表的是第一种情况，太阳能电池和反应器集成在同一设备中，一旦捕捉到阳光，就会被转化对反应器十分必要的电能，以此将二氧化碳转化为将来能在能量或运输领域以甲醇或甲烷的形式所利用的碳氢燃料。只要有可用光源，集成系统就可以连续生产太阳能燃料，同时确保了产品的可扩展性，这便是未来投入市场的竞争性特征。正如此作品的创造者所言，自然界的一棵植物每年可吸收 10 ~ 50 千克的二氧化碳，相当于 8 ~ 39 片“人造树叶”所产生的量。

理工学院的研究人员于 2021 年夏天参加了一场欧洲范围内的竞赛，他们需要制造出能为小型热空气发动提供动力的燃料。在未来几年，我们会常常聊到作为污染性较强的化石燃料的替代品——生物燃料。[16] 而最近，由帕多瓦大学化学科学系的研究人员主导的一项研究也是针对人工光合作用发展的这一方向。复制自然的过程其实是一个不太现实的挑战。但研究人员从两个主要构成部分入手进行研究，一个就像天线一样捕捉太阳能，另一个就是金属催化剂，和天线一同利用水中氧气，模仿植物将太阳能转化为相关化学能。

总之，研究人为光合作用的科学家所面临的具有挑战性的目标就是要大大提高自然过程的效率，且提高能够增加生物燃料分子产量的催化剂的性能。

消耗和能量需求间的调和事关整个自然界，同时包括我们在内。可以说，能量的流动是所有生命过程的真正驱动力。

可臻改善的机器

你们观察过捕食中的猎豹吗？猎豹是陆地动物中奔跑速度最快的动物。在追逐斑马、瞪羚或体积不太大的哺乳动物时，它身姿敏捷，速度极快，许多现存的自然文献中都对猎豹的速度赞美不已。它有着细长的体形，弓形的背部，瘦薄的长爪子和一条长长的尾巴。猎豹区别于其他猫科动物的独特之处是，由于猎豹爪子不可伸缩，它的抓地力非常好。猎豹时速可达 100 ~ 115 千米，且一次跳跃就有 6 米的距离。关于这种猫科动物速度的更有意思的细节是它的加速能力，从静止到时速 65 千米只需不到两秒的时间，而一次跳跃，猎豹便可将时速增加 10 千米，加速过程中的功率可达到每千米 120 瓦特。

那我们人类呢？拥有 100 米和 200 米世界纪录的前牙买加短跑运动员尤塞恩·博尔特（Usain Bolt）的纪录是每千米 25 瓦特。超快的速度和以“之”字形移动的加速或减速的能力就已证明猎豹确实是一种了不起且聪明的动物，因为猎豹能控制自己奔跑的速度来尽可能减少能量的损耗。但其实这些精彩的运动造成了能量的极大消耗。猎豹心脏和肺部非常发达，但在短时间的极速奔跑后，其脉搏跳动可达每分钟 250 次。动物缺氧时，就需要中止捕食，立马停下。所以，猎豹需要利用快速捕食技术在初次尝试中就获得成功。猎豹是天生的“机器”，旨在做出更好的策略，它并没有狮子或老虎的体力，只有在成功率很高时进行攻击。此外，由于栖息地的改变或丧失，以及人类占据的领地的增加，动物需要在更大范围内搜寻猎物，这样也造成了大量的能量损耗。

从对猎豹或植物（也有对其他生物体）的能量观察中我们能够学到什么？如果和人造世界相关，例如对从鲜活事物中汲取灵感的机器人的保护，那就是我研究的领域了。首先我们学到的就是，世上并不存在一台完美的机器。正如之前我们所谈到的，无论是自然或是人工的生物体，它们都是所进行的活动（比如在自然中的捕猎、生长或是繁殖；机器人对汽车的装配、修剪草坪或探索星球）和必要的能量需求间的稳定中介。另一个重要的迹象是，一个系统，无论是自然的还是人造的，都必须始终被完整地观察。而我们由彼此相互连接的细胞、组织、器官和系统构成，如果其中某一部分运转不良，必然会对人的整个健康产生负面影响。未来的机器人也应作为一个完整的“生物体”被感知，而不是由不同部分构成的组件。

我们不如举个例子来更好地说明这一点。我和我的团队，正共同研发具有感知能力的完整材料，它可以对刺激做出回应，比如触觉，同时也能够完成一个更具结构性的角色，比如可通过添加材料使其成长。在无数其他的目标中，我们的终极目标是能创造出一个假肢或是可以无限生长的机器人。

在科学家提出越尊重环境人类将越受益的人工解决方案中所遇到的困难中，植物给我们提供了一个天才般的想法：通过利用树叶在风中相互摩擦产生的静电荷，将植物用作清洁的电力来源。

让我们一同来一探究竟。

在树叶沙沙作响中来点亮未来

在我看来，当沉浸在寂静的丛林中时，风使树叶产生的窸窸窣窣的声音是最动听的声音之一。儿时以来，我曾有幸在树林中度过大部分时光，在秋日时分，我和家人朋友一起在蒙特阿米娅塔的角落采拾栗子。那些秋日经典热烈的颜色、湿苔藓的气味、树叶的响声和森林动物发出的声音，都深深刻在了我的记忆中。

在那些疲惫又不失欢笑的阳光明媚的日子里，每每躺下入睡时，我只会注意到围在四周的栗子。我从未想过植物会在我之后的研究中发挥的作用。

多年后，我和费边・梅德、阿莱西奥・蒙迪尼及其他伙伴正在研究受自然的树叶机械刺激便可产生电能的机械装置。当空气引起树叶间的摩擦，在树叶表面会累积一定的电荷，此现象称为接触起电或摩擦起电。没有人知道植物是否将它们产生的能量用于发挥功能或是交流，还是仅仅简单地分散在环境中，但我们的直觉让我们认为这种现象可以用来为设备供电。

但这是如何做到的呢？摩擦起电是静电能量。众所周知，当我们拿支笔在毛衣上摩擦时，就会发生静电。只需在羊毛面料上摩擦几下，便可在笔表面产生负电荷。接下来如果笔靠近聚苯乙烯碎片或纸屑，这支笔便会像磁铁吸引铁一样吸引它们。通过笔并利用我们相当于电缆的身体，可以将产生的小电流导入地面。

我们在实验室正在寻找一种方法，即通过完全用聚合材料的人造树叶构成的“灌木丛”便可产生摩擦生电。正如研究领域经常发生的那样，我们偶然发现树叶的结构十分适合产生摩擦电。我们也意识到，能够大规模使用此能源就可代表未来的一个重要转折点，即使只是在测试阶段和真实环境，即开放领域中为类植物供电。

但仅仅由三三两两的树叶产生的电量并不足以满足日常生活所需。那么挑战就是要知道如何才能更多地生产电量。为此，我们研究过一种可以加强自然树叶特点的方法，且并不会对它产生伤害。我们创造出一种混合体，通过把人造树叶添加到自然树的簇叶中，从而将自然界中的植物转换为发电机。

人造树叶由绝缘性的聚合材料构成，而自然界的树叶有一层导电细胞。绝缘层和导电层的改变可以产生能量，其实，叶片表面相互接触也会产生些许的电。几年前我们做的实验，仅仅利用一片夹竹桃树叶便可给 100 个 LED* 灯供电，树叶产生的电压高于 150 伏特。当风吹动树叶时，便可在人造树叶表面产生负电荷，由于自然叶子表面有相反符号的电荷补偿，因此为正电荷。这种相反电荷的现象发生在整个植物内部，我们利用电极将这种流动当作能量发生器。

但是我们如何将这种能量用于应用目的呢？通过在末端连接带有两个电极的微小导线，并将一个连接到叶子的茎，另一个连接到设备，我们就可以让电流从植物流向另一个物体。起初的目的是为分散在环境中的灯和传感器供电，以此来监测空气或土壤中的湿度变化。但我们希望在不久之后可以增加设备所需能量方面的复杂性，也许考虑为我们设计用于探索远程环境或监测质量的机器人提供动力。一个封闭的循环便是，从生物学原理中诞生的机器人被用来保护它们所来自的大自然。

我们已经测试了不同种类的树叶，尽管产生的能量有差异，但它们都呈现出同一个结果。事实上，此过程的发生有必要考虑一些情况，如施加在叶子上的力量、两片自然和人工叶子的接触面积、用于产生电荷的材料和节拍的频率。这项研究前途光明，但仍有些我们需要找出答案的疑问。我们正在研究的第一个基础性的内容如下：如果我们增加与天然叶子接触的人造叶子的数量，就会得到更多的能量吗？

虽然这个问题并无新奇之处，但其实答案并非显而易见。为了回答此问题，我和费边去了德国的费莱堡大学的植物园，我们和这所大学就“成长机器人”项目有合作，该项目用以研发像攀缘植物一样的可以移动、生长和做出某些行为的机器人。我的德国同事将我们带到风洞处，

---

* LED 灯就是用许多电子设备构成的小灯，比如当灯打开或熄灭时，就可以用来作为标志。LED 电视也非常有名，它的屏幕由数百万个这些小灯泡组成。

在那里我们进行了实验。其中一个实验是同时将8片人造树叶放在有相同树叶数量的夹竹桃上，让它们自由地在风道内部电流中移动。结果就是（对我们而说，简直欣喜若狂），随着机械地增加对叶片的刺激，产生的电量也随之增加。此外，产生的电量会受风的速度、强度以及和树叶接触的角度影响而发生改变。这些参数对我们之后的发展影响深远，我们希望很快可以在自然环境或是在与实验室中发现的情况不同或不受控制的环境条件下将我们的树叶安放在树上。

为了可以利用这种能量，还需要一些步骤。首先就需要使脉冲产生的电压连续。最简单的方法便是在一个电容器中聚集这些电荷，尽管这并不是最行之有效的方法。但这个解决方案的负面作用便是根据电荷器的电荷值提供可变的输出电压（但正常情况下，电子设备更“偏爱”在一定范围内的电压内工作）。鉴于此，就需要使用到变压器来和意大利理工学院的同事一起实现我们的目标。具体而言，就是我们利用效果最好的调节器源源不断且尽可能多地从“杂种”树木中获取能量。这关乎一项十分复杂的活动，因为树叶产生的信号并不具有规律性（它的振幅和频率是可变的）。除此之外，还应将多个叶片的信号配合起来以减少能量损耗。那么挑战在于需要创建一种能够处理来自多片叶子的混杂信号的电子设备，来尽可能获取连续的输出电压。

现在我们回到起初的问题上来，一切都是从这个问题出发的，可能也是最精彩的，那就是植物如何利用这种能量呢？比如可以用此来交换簇叶间或是同一植物内部的信息吗？还是简单地把能量分散在环境中呢？

目前，我们尚未清楚答案是什么。但是拥有一个自主强大（我们知识的硕果）的仿生人工系统，就允许我们计划和开展新的实验活动，通过实验获取的最新结果可以进一步研究动力和我们汲取灵感的自然现象。

通过摩擦效应生电的带有人造树叶的夹竹桃植物

6
7

第三章

生物多样性

5

多样性之美

对达尔文动物学家还是植物学家身份的讨论并非偶然。但实质来讲，他是一位生物学家，因为他感受到了生命的力量。

阿贝尔托·阿尔贝蒂
(Alberto Alberti)
《卡罗尔·达尔文》，1939

自然之惑

无论是从个人科学培训还是生物科学研究得来的教益，最珍贵的一定是生物多样性的概念。* “生物多样性”的定义即生物体间的各种变异性，其中包括陆地、海洋和其他水生生态系统及其所属的生态综合体。它包括物种内部、物种之间和生态系统间的多样性。就是说，所有生物都是有关联的，包括人类自己。没有比保护地球上的生命和物种多样性更美好、更重要的事情了。

生物多样性因此代表生物体及其生活的生态系统的多样性和可变性，包括遗传、特定和生态系统层面的多样性。这种可变性不单单涉及生物

---

* 生物多样性出现于20世纪80年代，它至少包括3个基本的生态学层次：同一物种内的遗传变异（遗传多样性）；物种间的变异，也属于共存于同一环境下的不同的物种（物种多样性）；不同生态系统间的变异性，同时考虑生物和非生物成分（生态系统多样性）。

体的形状和结构，还包括系统的不同组成部分之间的丰富度、分布和相互作用方面的多样性。生物多样性还对人类文化多样性产生影响，它会受到相同因素的负面影响，而这些因素影响遗传、物种和生态系统的多样性。* 我们不妨想想正在发生的事情，尤其是 2000 年之后，在亚马孙森林，开采活动、农业、饲养、修建道路和水坝已经毁坏了 10% 的土地。此番开发的后果不仅造成遗传变异性的丧失，当地人民的文化和人民的文化遗产也要被迫迁往其他地区并失去了自己的传统习俗。另一件较为相似的事发生在南美洲，转基因大豆的种植导致此地区的典型产品小麦、小米、土豆和玉米减产，更让人难以接受的是，这些国家生产的大豆其实并不是用以满足当地人的食品需求，而是用于出口，给那些富裕国家的动物提供食物。

生物多样性代表着一种不可替代的文化和生态价值，生物多样性中，这些元素分为不同的层次，从整个生态系统到构成遗传分子基础的化学机构。因此，生物多样性含义包括不同的生态系统、物种和遗传资源。

生物多样性是千年进化的结果，这些过程影响物种的遗传和形态特征，使生命形式能够适应环境条件的改变。生物多样性越丰富，物种及其栖息地灭绝的风险越低，恰恰因为物种的遗传多样性及其在同一栖息地的物种多样性使生态系统具有弹性，即具有对极端事件做出反应和重构偶然遭受损害的生态系统平衡的能力。

因此，我们不妨认为生物多样性代表了地球健康水平的支柱。这是生命为保护和加强自身而制定的策略：每个物种的存在都有助于提高特

---

* 如今所使用的生物多样性的定义源于 1992 年在里约热内卢签署的国际《生物多样性公约》，根据该公约，生物多样性包括“生物体及其生活的整个生态间的多样性和变异性”。

定生态系统的质量，且利于保持其生命平衡，从而提高生态系统的生产力。总之，我们都是这个大齿轮的一部分，它的良好运转直接关联单个零件的集体工作效率。只要每个人做好自己的那一部分，联合起来就能取得进展。如同一个大的拼图游戏，每小块都对整幅画的完成有影响。

然而，我们人类经常对多样性担惊受怕，我们被引导去选择大量的多样性，几乎按照我们的衡量标准，以减少它并使其更易于控制。

大自然告诉我们，在我们所认可范围的封闭状态，我们既不能茁壮成长，也无法长期生存；相反，它向我们证明了多样性的可变性对于物种存在性是必不可少和十分有用的。我们仅仅考虑遗传变异性的关键作用，正如我们之前所说，产生生物多样性的决定性因素之一便是生物体通过交配进行繁殖。继承了父母新的基因组合的子女更有利于传播和加强同一物种间的遗传差异，而正是这些差异使一个物种更好应对环境的变化，更加适应易变的条件（你可以看到这种情况，适应能力恰恰是我们研究和尽力在机器人中进行模仿的主要方面）。

达斯古普塔报告和不平等影响

已经证实，生物多样性的丧失会造成食物和能量的不确定，对洪灾或热带风暴等自然灾害的抵御性越来越差，降低社会内部的健康水平，降低水资源的可用性和质量，等等。这些现象和生物多样性之间存在什么关系呢?

2021 年 2 月《达斯古普塔报告》发布。这项报告于 2019 年由英国财政部委托剑桥大学经济学名誉教授，圣约翰学院院士弗兰克·拉姆齐的帕塔·达斯古普塔爵士（Sir Partha Dasgupta）进行，该报告证明生物多样性是如何以人类历史上前所未有的惊人速度在不断匮乏：上百万的动植物物种，几乎是全球的 1/4，遭受到了灭绝的威胁。事实上，从 1970 年至今，哺乳类、鸟类、鱼类、爬行类和两栖类的数量平均减少了 70%。我们尚未清楚无脊椎动物群正发生着什么，更不必说细菌、菌菇或原生类了。

令科学界十分期待的《达斯古普塔报告》毫无疑问证明了生物多样性在维持地球生命平衡方面不可估量的价值，而地球生命是与生物异性以及它们之间复杂的相互作用网络有关的脆弱状态。无论从何种意义来讲，就物种的物理和经济生存而言，我们的未来都取决于对生物多样性的保护。举些例子，生物多样性的丧失对营养的丰富性和稀缺性产生巨大影响：毫无区分性的捕鱼正导致全球 1/3 的鱼类资源过度捕捞，从而引起地球食物储存的匮乏。如果不采取遏制措施，几年内就会出现鱼类的过度供应问题，在未来并不会有对大家而言的充足资源，尤其是对那些贫穷国家来说。照这样做，授粉昆虫（它们正以脊椎动物 8 倍的速度灭绝）的消失也将对耕作产生灾难性的影响。

全球性问题也是如此，被低估的土地退化或土地失去肥力的现象，土地变得更容易遭受到侵蚀，最终沙漠化。据估计，全球 1/3 的土地正在退化，如果我们仔细看看意大利的情况，我们会发现 1/4 的土地丧失了肥力，还有 21% 的土地正面临退化的风险。

在意大利土壤丧失肥力的地方，在耕种者播撒肥料后，树木为了寻找位于土壤表面和地表浅层的营养物质，其根部朝着重力的反方向生长，这让我感到震惊。这就有点儿像我们倒立行走，并不是因为我们有多强壮，而是出于被迫无奈。这更令人担忧，因为土地退化是一个不可逆的过程：由土壤、水和生物多样性构成的混合体土地是一种不可再生的资源。如我们在前面的内容中所看到的那样，正由于根际中许多小型生物的“工作”，土地再生得以延续。在此类型的土地上，生物多样性的匮乏，加上其他因素，如森林的砍伐、植被的过度丧失，都会引起土地退化。而除了肥力的丧失，这种情况也会带来一种巨大的隐患：事实上，耗尽有机质的土壤向空气中释放碳负荷，从而造成大规模的气候变化。

人类文化和精神价值层面也承受着巨大损失，随着对自然的野蛮掠夺，我们的生活也就此变得贫困潦倒。一个民族的价值将更加取决于他所居住的地方的生物多样性指数。

《达斯古普塔报告》中讲到：

> 我们未能可持续地管理我们的全球资源……人类实现了巨大的繁荣，但我们取得此繁荣的方式是以大自然的毁灭为代价的。

我发现帕塔·达斯古普塔爵士对各国的国内生产总值（PIL：Prodotto Interno Lordo）的思考很具有启发性。这位杰出的经济学家认为“国内生产总值是基于对经济的错误应用，它没有包括资产贬值，例如生物圈的退化”。总之，当评估一个国家的经济健康状况，计算国内生产总值时，有必要考虑该国自然遗产的不可持续增长所造成的贬值，即我们的需求和大自然的可用资源间的失调。我们和大自然关系的不可持续性正对我们今天和明天的人类繁荣，或者更具体来讲，对我们的经济和幸福构成威胁，而直接的威胁就来源于生物多样性的丧失。一个为增加自己国内生产总值而不利于生物多样性的政府，这样做不符合集体利益，相反，这样做正为未来已被预知的灾难奠定基础（正如最近的新型冠状病毒所表明的那样，灾难并不再是遥远的未来）。

另一方面，人为或自然活动造成的灾难所引起的环境损失的经济量化是多么复杂且不可弥补。其中一个相关例子是“埃克森·瓦尔迪兹”号油轮事件。1989年，美国一艘巨型油轮触礁造成了最大的环境灾难之一，给阿拉斯加海岸的威廉王子海峡，充满生机的美丽但脆弱的生态系统带来了毁灭性的灾难。大约有3.9吨的石油倾覆于大海之中，相当于15个奥林匹克游泳池装的数量，造成7800平方千米的黑色海域覆盖了动物、植物和微生物，其中一些由于阿拉斯加捕鱼区的存在，其中一些动物如今仍面临威胁。* 制裁、补救和赔偿花费了埃克森·瓦尔迪公司34亿美元。在确定环境损害的价值时，要以存在价值的量化或资产简单存在的支付意愿为基础，而不管现在及未来的用途。** 正常来说，我认为这种定义包括了多样性的真正本质和相关价值。我们往往只重视与我们直接相关的事情，而我们应该以纯粹的兴趣和尊重来看待这个世界。

更普遍来讲，如报告中所提及的那样，将“自然资本”的概念引入国民核算体系，可能意味着将生物多样性置于人类活动中心的一个重要步骤。而为了找到保护自然世界的解决措施，需要迫使经济同样平等地面对生态，从而保护自身及我们的生存，仅此而已。

国际著名的意大利哲学家和进化论学家，特尔莫·皮瓦尼（Telmo Pievani）预测，从当今往后的5000万年内，如果我们考虑到植物在陆地上的存在时期，智人物种在地球上将杳无行踪。我觉得未来的挑战就是在我们美丽的地球上留下一个关于我们的美好回忆。

---

* “埃克森·瓦尔迪兹”号油轮事件中，野生动物的损失包括：25万只海鸟，大约3000只海獭，300只灰色海豹，22只虎鲸，数十亿鲑鱼和鲱鱼卵，以及对捕鱼工业和当地所有人民造成的不可估量的经济损失。

** 包括存在价值的选择在当时引起了埃克森、阿拉斯加州及美国政府间在科学和法律层面的争论。除了这些，还评估了使用价值，即资产的当前使用情况（例如，木材的收集），以及侧重于未来可能存在的潜在用途的期权价值。有大量关于如何用货币来估计环境的损害，这是一个相当复杂的问题，难以测量。

“埃克森·瓦尔迪兹”号油轮事件后的鸬鹚

科学的复杂性

多年来，世界各地的学者致力于建立能够明确评估特定栖息地的生物多样性，或者更广泛地说，是地球的生物多样性程度的指标。这不仅仅能确定一个特定环境的物种数量，即它的丰富度，还有它们的性质（比如稀缺程度）、遗传多样性（在特定物种群内存在基因的数量）、分子多样性（源于基因和物种丰富性的分子数量），等等。

总结出的所有这些组成部分都处于生态系统的稳定性水平：能够在不必做出过多改变的情况下抵抗外部干扰和即使经历过重大环境变化后也能恢复到“自然”状态的能力。

随着物种数量的增加，生物之间的相互作用、彼此间的资源竞争、捕食和各类的共生（寄生现象、共生主义、互惠共生）也同样增多。但有许多研究证明了，拥有复杂群体的环境，如热带森林或我们在第一章谈到的珊瑚礁，如果受到干扰，它们就会面临巨大的恢复困难。

一些美丽的稀有栖息地及其居民会面临永远消失的风险。在众多可举的例子中，我脑海中想到了非洲中部的猩猩山，这里是因木材和竹子贸易而遭受多次局部战争和环境破坏的关键地区。尤其珍贵的矿产资源的过度开发，如金刚石、黄金，还有钴和钶钽铁矿，这些资源被开采用来制炮和制作电子设备，如电话、计算机和照相机。这片土地上尤为丰富的是可悲地为这个政治永远不稳定的国家提供燃料的石油，而此不稳定状态则是由较发达国家的贪婪需求引起的，儿童被征募到矿山里工作，因为他们小小的身躯能到达最难进入的地方。

如果停下来想一想我们的每一个行为的巨大影响，我们就会立即明白我们在日常生活中消费的每一件物品或食物中所隐藏的故事，这些故事虽与我们相距甚远，却又通过发生的相互关系和我们相关联。

世界上还有一些把保护环境作为生存理由的人，我在这里讲两个例子。

美国动物学家迪安·福西（Dan Fossey），也是佳作《迷雾中的大猩猩》的作者，多年来在猩猩的栖息地乌干达森林从事山地大猩猩的研究。她的成果让我们能够在这些灵长类动物的行为策略方面得到众多非凡的发现。

大猩猩属于人科，猩猩、黑猩猩和人类都同属于此科。大猩猩此前一直受到人类猖獗的偷猎行为的威胁，它们的生存也长期处于旅游业所带来的压力之下。迪安·福西被乌干达人民称呼为独自居住在森林中的女性，她决定将毕生奉献给野生动物的研究与保护，为此她还在 1977 年建立了一个基金会。迪安·福西生于 1932 年，1985 年死于钝器击打，她的遗体在卢旺达的卡里索克营地被发现。根据为福西列传的法利·莫厄特的说法，这场残忍谋杀背后的主使是那些猩猩的偷猎者。福西和大猩猩们在一起的照片散发出无以言表的美丽与甜蜜，不过最令人动容的是这位学者所展示出的坚定决心，和为了自己的梦想与信念付诸了一生的努力。如果山地大猩猩还没有灭绝，那一定得归功于福西做出的巨大牺牲。

另一位致力于灵长类动物尤其是野生黑猩猩研究的女性是珍妮·古道尔（Jane Goodall），英国一位杰出的生态学与人类学家。许多关于黑猩猩的行为、生活和种群组成的发现都要归功于她的研究。除此之外，黑猩猩的思维过程、捕食策略及优秀的使用工具来获取食物的能力（这种能力之前一直都被认为是人类特有的能力），这些发现也都归功于她的研究。如今古道尔已经 86 岁了，她用自己勇敢开拓的精神向人们阐释了保护黑猩猩以防其灭绝的急切需要，并且改变了维护动物物种多样性这个概念本身的含义，即努力将这些物种保护在它们所生活的自然环境中，并将当地人的需求也列入保护计划的内容当中去。1977 年，在坦桑尼亚的刚贝，珍妮·古道尔研究会成立。这个研究会今天已经成为一个全球性组织，在世界各地都有建址，它活跃在维护黑猩猩种群及环境与跨文化教育的第一线。除此之外，该研究会也致力于揭露第三世界中受剥削的广大人民的悲惨生活现状。

对大自然与自然中栖息动物的热爱，以及这些女性为了追求目标所散发出的坚韧不拔的品质，一直都是我工作与生活中的灵感来源。我们所处的生物圈复杂且脆弱，而她们做出的研究与得到的成果对于维持生物圈的平衡至关重要。有时，我们觉得自己过于渺小，以至于在面对气候变暖和地球环境变化的严重威胁时畏缩不前，这时我们就应该学习以上几位学者的勇气并以她们为榜样。

足不出户保护生态系统

到目前为止，我们已经谈论了很多不可思议的神奇瑰丽景观：赤道森林、珊瑚礁以及树木丛生、色彩斑斓的山脉。不过，为了认识到生物多样性并了解它们正在受到的威胁，其实并不需要跋山涉水就可以做到。在众多需要保护的既复杂又脆弱的生态环境中，我们寻找到了一个对于生活在意大利海岸旁的人们都熟知的波西多尼亚海草，也叫大洋海神草，意大利海洋真正的绿肺。这种具有独特带状叶子的海洋植物是地中海所特有的，不过其他海神草属的物种也出现在了澳大利亚的南海沿岸，这也是第三纪中地中海与印度—太平洋地区分离的强力佐证。

作为一名海洋生物学家并且居住在大海旁，我很幸运地对这个大洋海神草的栖息地了解得非常深入。海神草的第一个突出特征就是，从各个方面去认定它都是植物，而不是藻类。事实上它是那些超过 1.5 亿年前恐龙时代中重返海洋的陆生祖先们的后裔。作为海洋生物学家，为大洋海神草正名是我们的荣幸——就像是在为我们海洋中真正的女王表示敬意。事实上，正是因为它在稳定和保护生物多样性与生态环境方面所起的关键作用，海神草值得所有这些赞扬。

正如我们所看到的，它是生物多样性中极其重要的一极，主要氧气生产者之一（好比陆地上的热带雨林），也是地中海生质能源的主要生产者之一，对于洁净水源起着至关重要的作用，它的存在就是海洋健康状态的准确证明。除此之外，它还在帮助海岸防抗海水侵蚀方面有着举足轻重的作用。

作为高等植物，大洋海神草由各种组织与器官构成：根、茎、叶。它倾向于形成极其宽广的草丛，从 1 米延伸到 35 米深，在水尤为清澈

波西多尼亚海草

的时候甚至可以延伸到更深的地方。它的带状叶超过 1 米* 长，宽大约 1cm，植株生长茂密并形成了遮罩。一个集根茎与几个世纪以来一直在不断变厚的沉淀物的整体，拔高了海神草的高度，有时甚至能使其达到水面的高度。海神草因此形成了真正的屏障，保护海岸免受海啸侵袭并促使天然潟湖的形成。

每次当我潜水看见这被海浪与激流冲刷过的海神草时，我都深深陶

* 从植物系统角度来看，海神草属于维管植物（也以被子植物而被熟知），海神草既可以通过有性繁殖也可以通过无性繁殖，不过主要还是通过无性繁殖，单株合并在一起形成复杂的结构。海神草的最浅处（大约 15 米深）开花时间在九、十月之间，果实（叫作海橄榄）大约在 4 月份成熟。当海神草准备就绪，它们就从植株上分离出来，漂浮到水面上，如此就将自己的种子带离了母株。这种繁殖活动一度被认为是非常稀有的，仅仅发生在地中海北部，不过最近 20 年来，海神草开始在整个流域开花，这可能是全球变暖所导致的。

醉于它的美丽与典雅，就像是进入了另外一个维度，色彩斑斓，万籁俱寂。一个由大大小小的鱼儿组成的鱼群，时而分散开来，时而重新聚拢，在鲜绿的树叶间游弋。我惊异地观察到栗色幼鱼身上明亮的靛蓝色（这种鱼学名叫作光鳃鱼，性成熟后变成了通体的深褐色）。然后再一看，鲷鱼、隆头鱼、樽海鞘、凤尾鱼、颌针鱼在水面快速移动找寻猎物。海神草的主要作用正是给种类繁多的生物提供庇护。许多物种的幼崽向海神草寻求保护以防被捕食者吃掉，以此顺利度过它们的幼年期。

在这些漂浮的叶子下躲藏的不仅仅只有鱼儿，其根茎也为双壳贝提供了保护，其中有种叫大江珧的大型贝类，外观十分美丽，不过也正是因为这一点经常会被捕食者所发现。江珧是地中海最大的双壳贝，大小可达 90cm 高。这种贝在幼年期通体呈现白色，且在轮脊上有几乎透明的鳞片，在成年期身体变得光滑，颜色变为红棕色。有时，在外界异物的刺激下，这种贝会分泌珍珠质，最终在其内部会形成近黑色的小珍珠。尽管黑珍珠缺乏商业价值，它们依然使江珧成为潜水员梦寐以求的战利品，再加上拖网捕鱼（这种行为是违法的，但实际上屡见不鲜），江珧在海中的数量显著减少。人类的做法造成很大损失，因为这种贝对生态的重要性是毋庸置疑的：在它巨大的贝壳上栖息着许多种类的藻类和固着动物，比如小型环节动物，它的贝壳内部也是一些小海洋生物的栖身之所，比如小豆蟹。

如果你观察海神草，在长长的叶片之间凝视，你就会觉得自己是在一座宏伟且热闹非凡的宫殿前，各种生物熙熙攘攘，但都能在这座宫殿中找到自己最合适的位置。

在海神草叶子的底部，生活的是喜阴生物，例如细菌和单细胞藻类（肉眼无法观察到），以及在叶底的固着动物。往上还有其他的一些植物群系，如褐藻和珊瑚藻，也有动物，如斑马海葵（小且带有条纹的海葵，就像它们的名字所形容的一样）和浆果海葵（夜晚，当它们舒展开自己橘黄色的触手时格外美丽）。

在海神草的叶片中是多毛纲动物，这是一种海洋虫，从属于缨鳃虫目，龙介虫科，生活在一种特别的管道中，这种管道也是由它自己建造出来的，* 由沙粒混合黏液和碳酸钙构成。斯氏缨鳃虫［该名致敬了 18 世纪的生物学家拉扎罗·斯帕兰扎尼（Lazzaro Spallanzani）］是地中海缨鳃虫科中最大的物种，它所建造的管道能够达到 35cm 的宽度。它伸出优雅的鳃冠，外观隐约带有羽毛，直径大约能够达到 15cm。缨鳃虫用鳃冠进行呼吸，有利于进行气体交换、汲取养料及保留小的颗粒状食物。有时鳃冠会呈现出明亮的颜色，是缨鳃虫唯一可视的部分。它们在整个生存过程中从不离开它们自己建造的管道，一旦出现危险，它们就会迅速缩回身体。从缨鳃虫的石灰质管道中伸出的鳃冠，看起来更像是一团彩色的簇，当它缩回管道内部时，管道会以鳃盖封闭，以更好地保护自己。

在海神草宫殿中还居住着棘皮动物：如海胆，因其生殖腺味道鲜美而闻名于世，也因此常受人类捕猎；绝美的海星紫锥菊，因其亮红色的躯干与触手广为人知，也是孩子们的最爱；还有海参，它们是细长的棘皮动物，可以呈现出非常鲜艳的颜色，尤其是生活在热带海域中的海参，但可惜的是由于过度捕捞它们也面临灭绝的危险。

如果足够幸运的话，我们还能够看到那些伪装于海神草叶片间的普通章鱼——真蛸，一种八爪头足纲软体动物，我个人很喜欢的非凡生物，

---

* 当一种生物居住在另一生物体内时，此形式的共生就被称为“寄生”。

而且我也研究了它许多年，希望能够创建出一个模仿其形态特征的机器人。

大洋海神草所起的作用不仅仅局限在为生物提供饮食和生长繁殖的温床，尽管仅凭这一点就已经使它在海洋中成为独一无二的存在。落户于海神草的居民之间所建立起来的相互作用——尤其是营养能量传递方面的相互作用——真可谓影响深远，这种对所有内部生物都大有裨益且十分密切的相互联系，使得海神草生态系统成为地中海中涉及范围最广且最为多产的环境之一，但同时该系统也是抗外部影响最差的系统，需要很久的时间才能从影响中恢复过来。正如我们所见到的，这些水下植物群系有效阻碍了海浪对于海岸的侵蚀，稳定了海床，它们是氧气（大约每天每平方米 15 升）与有机物的生产者，它们构成了一个真正的海下世界，与我们的生活以及亿万的海内外生物有着千丝万缕的联系。

因此很明显，大洋海神草，我们海洋中的女神，毫无疑问是应当被保护起来的自然财富。遗憾的是，从 20 世纪 50 年代起，地中海的大洋海神草经历了明显的退化，这是几个因素共同造成的：拖网捕鱼活动，船只频繁抛锚以及海港的建设大大减少了海神草种子的传播，更不用说全球变暖和地中海海水酸化给它们带来的威胁了。事实上，海神草的生长温度在 10 ~ 28℃之间，温度的升高对海神草丛，尤其是那些延伸到海水更深处的草丛产生十分强烈的负面影响。根据 2012 年的一项研究，地中海中海神草的总体面积每年将减少 5%，如果气候变暖和人类活动带来的压力仍不放缓，在 2050 年之前，90% 的海神草将会彻底消失。

海洋生物学家们不仅仅在统计大洋海神草草丛面积方面十分活跃，他们还积极致力于维护这个重要的生态系统的存续，通过接穗来干预海神草的繁殖。* 这是一项弥足珍贵且需要不断保持的工程，在未来将越来越多地得到高新技术的支持，特别是海洋机器人的应用。

机器人系统可以由程序自动操作，也可以由操作员进行远程控制，具有永不疲劳的宝贵天赋，可以探索自然环境——当然包括那些人类难以接近的——通过直接观察就能提供数据。我想要由衷地强调：今天的科学技术比以往任何时候都还要不断发展演变以满足我们最为迫切的需求，这种需求就是提高植物的整体健康状态，将人类活动对植物的影响最小化，并不断使我们增加对这些植物功能的认知与了解，从这个意义上来说，机器人已经大有作为，而且发展潜力简直难以估量。

在下一章节，我们将使用能够在水中移动的机器来观察与探索地球上对于人类最为极端的环境，迷人的海洋深渊。通过这些机器的使用，来自世界各地的研究员与科学家们正在研究方法，以保护受人类威胁而濒临灭绝的物种及其生活的栖息地。简而言之，机器人将成为我们为了争取与自然达成和谐健康状态的最佳伙伴，帮助我们更好地了解使所有这些生物体联系在一起的复杂生物现象。

---

* 2004 年与 2005 年间，在奇维塔韦基亚湖泊进行了第一次也是规模最大的一次地中海海神草移植活动，超过 300 000 个接穗嫁接在大约 10 000 平方米的海底部分。尽管大约 2 000 平方米的植株都由于海流的冲刷而流失了，保留下来的被嫁接的大洋海神草草丛欣欣向荣，和自然生长的别无二致。

6

地球之友：机器人

“……那么，现在，先生，已经没有人看到我们了，我可以向您打招呼了吗？”

吉斯卡德伸出了手，这是贝利见过他所做出过的最具人性化的动作。

贝利抓住了他的手，机器人的手指是如此冰冷且坚硬。

“再见……我的朋友吉斯卡德。”

“再见，伊莉雅。”吉斯卡德说道，“记住，即使人类把曙光的意思定义为了这个，从现在开始，地球将是曙光存在的真实世界。”

艾萨克.阿西莫夫（Issac Asimov）
《机器人的曙光》1983

机器人奇迹

我仍清楚地记得，在一次国际机器人技术会议上，来自瑞士洛桑联邦理工学院的卡米洛·梅洛（Kamilo Melo）把我拉到一边，对我说他在为英国广播公司BBC制作鳄鱼机器人。他告诉我这是一个秘密，这自然就使得整个故事有趣起来。

卡米洛在奥克·艾斯佩尔特（Auke Ijspeert）教授指导的生物机器人实验室工作。该教授的团队受蝾螈和其他各种各样动物的启发曾创造了非凡的机器人。所以，这家知名的广播公司向他们求助毫不意外。他们的任务是要制作一个鳄鱼机器人，不仅仅是外形相似，行为举止也需要和尼罗鳄一样。这种大型水生爬行动物（最长可达 5 米）在狩猎猎物方面可以说是真正的“战争机器”。事实上，它的腿很强壮，爪子很长，使得它能够沿着它所生活的河堤高速爬行，牙齿不断生长替换，咬合力仅次于霸王龙。

但为什么 BBC 会对这种爬行动物感兴趣？它的性格难以和温顺搭边。

我在一年后才从卡米洛口中得知答案。我们在一次会议上再次会面，他终于能毫无保留地说出真相。鳄鱼机器人是 BBC 拍摄电视节目《荒野间谍》中的一个演员。这个纪录片十分精彩，场景美丽，拍摄方式更是十分精巧，可以完美呈现出大象、长颈鹿、大猩猩、非洲猎犬及其他众多野生动物的生活方式。被“监视”的野生动物在栖息地互相争斗，和其他种群内的个体建立社交联系，追捕猎物或是简单地在地上休息，互相亲热。纪录片与众不同之处就是，在被拍摄的野生动物当中有一个“间谍”，就是卡米洛团队创造的拟态鳄鱼，一个几乎完全拟态机器人。这只拟态鳄鱼机器人装有摄像机，可以从非常近的地方拍摄野生动物的动作。你会不可思议地看到这些野生动物是如何靠近、如何四处打量、如何触碰并最终接受机器人成为它们中的一员（几乎每次都是这样）。

我们的鳄鱼机器人朋友在眼睛的位置装配了摄像机，关节处改造成引擎，铝结构和碳纤维共同组成骨架，皮肤是防水乳胶。一台和引擎相连的微型计算机让人可以在最远 500 米处遥控机器。由于不确定尼罗鳄是否容易接近并进行研究，用装配摄像机的机器人去靠近它是一个极其巧妙的解决方法。但有时仍是非常危险的。

卡米洛告诉我，当他操控机器人去接近那些真实鳄鱼的时候有多么的兴奋。但是使机器人能够在实验室外无保护且各种无法预料的突发情况频发的自然环境中正常运行也真是让人伤脑筋。尽管如此，我认为对于这样一个设计巧妙的机器人来说，也确实存在一些令人感到满意的经历。

我也和这些间谍机器人有过直接的接触，但那是许多年以前了。尽管可能不如用遥控机器人观察野生动物那么精彩，但我和比萨圣安娜大学的一群同事合作完成了一只老鼠机器人。这只机器人肯定不像为BBC设计的那只鳄鱼机器人那么复杂精巧，但设计和使用过程也不失为一个让人热血澎湃的经历。我们和日本早稻田大学的高西淳夫教授团队合作，项目的目的是用机器人研究相应的生物个体。我们需要研发的是一只红瞳大白鼠机器人，淳夫教授的团队已经制作出了它的第一个版本，只不过机器人需要在轮子上进行移动。我们的团队为机器人装上了爪子，以便让它的行动更贴近真实老鼠，日本的同事们也为机器人贴上了和真实个体颜色相同的毛皮。之后，机器人就被放进了鼠笼里，随后陆陆续续又放进了其他真老鼠，它们之间的互动被摄像机拍摄下来，随后动物行为学专家对视频资料进行分析。

尽管我们负责的部分在整个研究项目中不起最关键的作用——这当然不算我职业生涯中科学技术含金量最高的经历之一——但我们依然饱含热情与好奇心参加了此项目，而且那也是我第一次拜访日本，他们在将科技与传统完美结合方面让人惊叹。

我的日本之旅从爱知县开始，这里有一片美丽的森林，位于濑户、长久手和丰田市之间，首府名古屋以东，这里在2005年曾举办过一场主题为“自然的睿智”的世界博览会。这是第二次在日本召开的世博会，前一次是1970年在大阪。这次世博会的主题与生态、自然、革新科技有关，在当时看还是非常前沿的，即使是现在来看该主题对今天仍具有现实意义。

我和达里奥·保罗教授及其他比萨圣安娜大学的同事一起参加了这次世博会。日本机器人领域的研究实验室和公司向群众公开展示了他们所研发的机器人，我们如同欣赏了一场激动人心的未来首秀。我至今还记得那种难以置信、奇迹般的感觉。当时我是在一个大帐篷里观看丰田的演出的：一支仅由机器人所组成的乐队，弹奏着有名的乐章。演出之后群情鼎沸，大家意犹未尽。

世博会不同的几个区域是用来进行我们都很熟悉的日本机器人的展览：广濑茂南教授的团队展示了他们的成名之作——青蛇机器人；高西淳夫教授也带来了他的拟人机器人，其中的一些设计是为了与人类交流互动。我印象最深的就是科比安——可爱的“爱拌鬼脸的拟态机器人”，它能够做出惊讶、悲伤、欢喜和其他的表情，并通过一系列的面部动作将之展示出来，比如通过眼皮和嘴唇的活动，这些表情真实得简直不可置信。

但更加神奇的东西还在后面，我们见到了可穿戴外骨骼的机器人。它们能够和人类一起跳舞，其中一些还装配了脚爪，使其能够在不平的路面移动。此外，它是通过乘坐磁悬浮列车到达世博会现场的。而展览区内游览车上的活动都是在“森林爷爷”（Morizo）和“森林小子”（Kiccoro）的引领下进行，这两个吉祥物代表着居住在森林里的居民——爷爷和孙子。当然，这些活动并不是它们真正地去引领，而是通过一个配备有车载传感器的自动驾驶汽车，可以让车辆在世博会内部沿着预设的道路行驶。总之，这简直就是机器人的天堂，太令像我这样初次经历的人激动了。而我们参与的红瞳大白老鼠机器人则是通过学习和其相似的生物进行有效互动，之后它将会取得相应的进展。后来两组年轻研究者建立起了合作网，能够让我和日本同事联合出版不同的出版物，而这就是在研究领域培训和准备的基本工作。

这些留在脑海中的简短片段是我所经历的例子，有趣且具有教育意义。实际上，它们更适合展示一直致力于丰富自身内涵的机器人领域正发生的变化。机器人已超越了 20 世纪科技工业领域范畴，并承担起领先的社会和教育工作。

这些机器人，让科幻作家长期的美梦成真。在并不算远的过去，它们还只是在工厂作为劳动力来提高生产率，而如今它们作为至关重要的研究工具，为我们了解生物学和可汲取灵感的生态学起到了不可替代的作用。因此，有理由认为，在不久的将来，它们可以越来越多地将自己转换为知识工具，帮助人类了解自然世界的功能，且找到解决复杂问题的方案，如污染问题、全球变暖、自然资源的监测，等等。我的确这样认为，正如我在总论中讲的那样。可以确定的是，机器人如今正帮助人们观察着周边的大自然，并去了解它的美丽。套用奥斯卡·王尔德（Oscar Wilde）的话说就是："只看到一件事并不足以抓住其本质。"

爱丽丝看着猫，而猫看向太阳

儿时起，我曾花数小时去观察那些穿梭于花园中的猫，去观察它们的捕食策略，那时还不了解个体生态学、生物学和动物行为学等学科的存在。直到多年后，我了解到一位伟大学者康拉德·洛伦兹（Konrad Lorenz）的作品。洛伦兹于 1973 年与卡尔·冯·费舍尔和尼古拉斯·廷伯格因对动物行为模式的研究而同获诺贝尔生理学或医学奖。

在20世纪30年代，洛伦兹开始了他的研究。当时有两股相反的活跃思潮：一个是1910—1920年间产生于美国的“行为主义”，根据“行为主义”，通过外部表现能够以科学的方式研究心灵，行为可以被研究学习（因此，行为可受环境和经历影响而改变）；而另一个是出现于19世纪末的“目的论”，该思潮认为行为应该有一个目标，且出自天性，因此它是天生的且不被改变的。康拉德·洛伦兹能够在自己的个体生态学中汇集两股思潮的基本原理，认为动物的行为既是自然天生的、受遗传决定，也是可被学习的。这对后来的研究有着重要的影响。

作为动物学和环境的爱好者，不同于他当时的同事，洛伦兹直接在动物的栖息地而不是在实验室研究它们。这可以让他观察动物的行为以及与它们自由进行互动，并不受其他特定或非特定生物的约束，包括人类。他深信自然观察的不可替代性，以至于他经常与所研究的动物共生。这也为我们留下了一些十分珍贵的照片，如洛伦兹和他心爱的鹅一同徜徉于湖中，抑或是他在一群排列有序的鸟中漫步。实际上，他负责研究它们的踪迹，这是对新生鸟类和哺乳动物在短暂生长阶段的早期学习。在此时期，小动物们认识并跟随自己的母亲，或者它们可以辨认其他的动物或移动中的物体。

康拉德·洛伦兹的研究在当时完全是革命性的，不仅仅因为他的研究是基于在动物真实行为领域的直接观察，更因为他是第一个以个体生态学眼光来对比人类，将“工具”转向自己和人类的人。我们追崇洛伦兹先进的思想，该思想公开承认了人类是动物界的一部分，也被赋予与生俱来的行为或本能。

从洛伦兹开始，观察成为个体生态学的基础。现代的动物行为学家已经借助由科技提供的日益复杂的仪器进行观察：隐藏于动物栖息地或植被中的微型相机，以及其他各种类型的相机，包括即使在夜间或漆黑环境下也能完成拍摄工作的热像仪或红外相机，还有即将到来的机器人。

可以确定的是，个体生态学家未来将越来越多地利用机器人这个“特殊助手”，它能在最艰难或危险的情况下毫不费力地持续运转，这是人类无法做到的。

根据洛伦兹的宝贵经验，我们看到的这一切是通过“间谍”机器人实现的，它们可以模仿被研究动物的外表和行为，以便潜伏在被研究动物的栖息地进行观察。当然，除此之外世界上也存在其他被用于类似研究的机器人。

对抗植被退化的特殊帮手

致力于研究探索海洋及其栖息者的机器人研究中心*是不同的。这些自动化或由人类操控的机器人可以单独或一起运作，以此发现更广阔的区域。这些海洋机器人的应用是多方面的，包括海底勘探和分析，寻找碳氢化合物，还有其他一些意外的发现（最著名的例子莫过于发现了泰坦尼克号的残骸）。

最常用于此目的机器人的类型之一便是滑翔导弹或潜艇滑翔机，这是一种用于监测深度的非常有用的宝贵技术。实际上它是一款创新性的

---

* 意大利国家海洋与地球物理研究所（OGS）研发仿海洋生物机器人。而意大利另一个研究中心——ISME，也是一个积极开发自动化海洋机器人且与全国建立联盟的团体。他们在应用海洋环境的系统工程和机器人领域开展研究和科学合作。另外还有国家研究委员会（CNR）的两个研究所：海洋工程研究所和海洋科学研究所（ISMAR）。

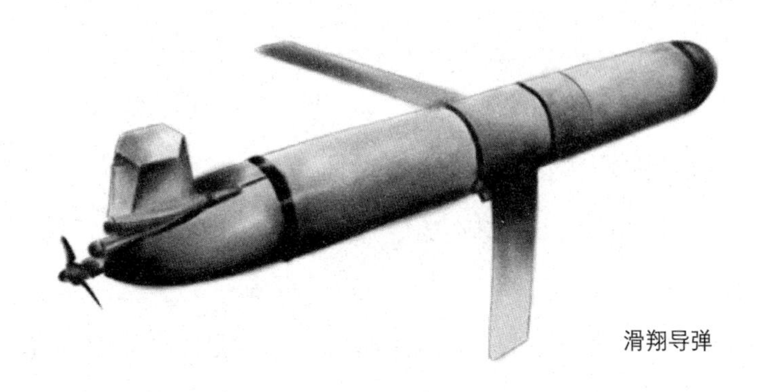

滑翔导弹

水下自动设备（AUV，autonomous underwater vehicle），下潜深度可达到水下数千米。像滑翔机一样，滑翔导弹并没有一个发动机，但是它可以利用由泵控制的活塞调节内部的体积，从而进行移动：当机器人内部的体积增大时，机器人可以漂浮在水面上；而当内部体积缩小时，机器人下沉。在这一过程中，机器人会收集大量数据，因为机器消耗十分少的能量，因此拥有较长的续航时间。

滑翔导弹可以测量水的密度，这是一个了解水流中的混合物、能量流或其他混杂物的重要变量。当滑翔导弹浮在水面时，通过卫星采集数据，人工操作员也可通过卫星设定或改变距离、航向和纵倾度。机器人是可遥控的。在滑翔导弹的航程中，不仅可以计划航向，还可计算即将探索水域的平均密度。实际上，假如机器人要在密度很低的水中工作，那它就无法获得充足动力重新浮于水面。

滑翔导弹彼此间可以协同合作，互相交换数据信息。因为具有可以分析大量所获数据的人工智能传感器，所以这种机器人是了解海洋中所发生的事情的重要工具。

利用这些传感机器人所获取的重要数据表明全球水温正在升高。这种温度变化可决定混合物质和能量的变化，尤其对地球气候会产生严重影响，剧烈加速了两极冰川的融化。最新发布于著名杂志《自然》的一篇研究声称，格陵兰岛21世纪失去的冰可能比过去12000年中失去的还要多。这则新闻让那些认为格陵兰岛情况恶化是自然循环的一部分的人沉默。这种现象反过来又决定了局部或全球水域循环的变化。不难想象，这个重大事件将对自然生态系统和食物链各环节间的相互作用产生什么样的连锁反应。

鲸目动物的神秘世界

科技进步从未像近十几年来那样为我们人类提供可以替代的工具，从而来研究、探索和更好地了解我们居住的地球及其生物。我们终于有机会去揭开这个美丽星球遥远角落的面纱——或者至少我们可以去尝试了。

对鲸目动物等大型海洋动物的研究，同时借鉴了科技、人工智能及卫星技术领域的最新成果。*

鲸目类动物的奇怪历史始于约5500万年前，起源于一种叫巴基斯坦古鲸的陆地哺乳动物，与现在的狗十分相似。巴基斯坦古鲸是生活于沿海和咸化潟湖中的捕食者。食物的匮乏和水温的升高迫使它们离开陆地进入水域。进化过程使它们更加能适应水域生活的改变。它的尾

* 处理这些研究的研究中心是斯培西亚的CMRE（海洋研究和实验中心），世界上唯一活跃在海洋科技研究领域的著名中心。

巴为其游泳时提供更多动力而变得越发强劲，而其脚爪变成了蹼足，后面的脚爪因为成了障碍而最终萎缩退化，而前爪转换为具有稳定功能且帮助其在水下转弯的胸鳍。在进化的过程中，样貌也发生了改变：鼻子消失，鼻孔向头顶移动，这样可使它在浮于水面时进行呼吸（我们不要忘记鲸目动物是哺乳动物，因此，和我们一样也需要空气中的氧气）。

不知道我们人类对这些奇妙的大型海洋哺乳动物的本能情感，是否因为它们的祖先与我们最好的四足朋友狗有相似之处。但可以确定的是，人类总是被这些大型海洋动物所吸引，它们的航向、行为和语言仍旧是未解之谜。全世界有众多的研究者观察它们的习性，监测它们的出现，追踪它们的活动。但想见到这些美丽优雅的哺乳动物，并没有必要去遥远的海洋：它们数量多，且易于观察，比如佩拉戈斯保护区的地中海的大片海域。

佩拉戈斯于 1999 年成为第一个受国际保护的地中海区域，是海域中生命物质最丰富的区域之一。这个地方成为独一无二的原因多种多样：海岸的形态决定了大蒸发量；流向卡马格沿岸的罗纳河保证了源源不断的营养物质供给；富含磷、氮等营养物质的深水向上翻涌运动（海洋生物学中著名的“上升流”现象）利于植物有机体的繁殖，形成丰富而密集的食物链。所有这些因素的相互作用为鲸目动物和其他许多海洋动物提供了丰富的海洋食物。

如今，有了卫星图像和机器人的辅助，可以分析和区分不同鲸目动物发出的声音，更有机会基于人工智能算法，识别表面轮廓以区分它们所属的物种。这也是研究人员在斯培西亚海事研究和实验中心所做的事，在那里他们调查了佩拉戈斯保护水域大型鲸目动物的存在。该算法能够以极高的可靠性来识别普通海豚、巨头鲸、条纹海豚，并告诉我们太喙鲸是一种十分难见到的动物，它可是名副其实的憋气冠军：它可以到达数千米深的水下，保持一个小时都不用呼吸。

配备水下声学传感器的自动水下航行器经常用于对鲸目类的研究，监测它们的行动并记录它们的交流，这对科学家们来说非常有用，多年来，科学家们一直试图解释它们的交流方式，以更好地理解和保护它们。实际上，对这些动物来说，声音交流承担了特别的角色，因为水比空气密度大，可以非常有效地传递声音。

鲸目动物无法依靠视觉，它们依赖其听觉：它们可以十分专注地倾听，且进行回声定位。对有牙齿的鲸目动物——即物种最丰富的海洋哺乳动物的祖先——而言，这个被称为“回声定位”的感官被认为是它们进化最成功的一个方面。以北极露背鲸为例，当它们处于深海时，会利用它们的听觉去感知周围的事物，区别出捕食者或同类。

所有的鲸目动物都会在水下发出声音，但不同物种间的声音是有区别的。人们研究这种语言，并用一些技术术语来描述这种发声。简单地说，它们有时发出高频快速的“咔塔”声，或是可以穿越数千米（1000～5000米）的连续哨声，还有的是一阵阵的脉冲声。

澳大利亚南极分部的研究员对南极抹香鲸的研究表明，这些长18米、重达40多吨的巨型鲸目动物寿命可达80多岁，它们会发出4种不同类型的声音：缓慢的“咔嗒”声和尾巴发出的“咯咯”声主要用于交流，另外两种类型的声音则用于回声定位。这项实验得以进行是因为使用了非常先进的技术：南极洲东海岸的3个不同站点，将6年来捕捉到的抹香鲸的声音记录下来，共采集了4.6万多小时的声音记录，然后通过人工智能对其进行分析。计算机通过算法提取出有效的声音，同时去除了长达 1065 小时的其他声音。*

除提供抹香鲸的交流模式的信息外，这项研究也让我们更好地了解该鲸目动物的行为活动。近几个世纪以来，对北极露背鲸的捕猎置该物种于极大的生存危机中。对鲸目动物而言，听觉是一种基础感知，声音不仅是进行社交互动不可或缺的交流工具，也是进行捕猎和水中定位的重要工具。然而，我们人类在深海制造了大量的噪声，这样的噪声污染对那些稳定生活在海域中的动物而言是巨大的干扰。比如，用于军事目的的声呐所产生的干扰可能就是近十几年来不同种类的鲸目动物大量搁浅的主要原因之一。通过整合先进的计算机科学、断层扫描的 X 射线扫描仪和高级计算机，加利福尼亚大学和瑞典科尔马登动物大学的研究团队研发出一种方法，以监测声音对北极露背鲸和海豚等海洋哺乳动物所产生的影响。该项目使人们能够更好地了解生物学和海洋“居民”声学的基础，并为海军提供能够减少声呐对海洋生命带来有害影响的信息。

就连最简单的航海运输也会严重干扰鲸目动物在水中的交流，并影响其他深海“居民”。例如，2017 年 2—5 月在日本小笠原群岛的深海中进行的研究证明，大型船只产生的声音污染会改变大型鲸的规律性行为，它们会在船只通过时“一声不吭”，甚至保持长达 30 分钟的沉默。

开发更复杂的海洋环境声音探测技术，并且监测其通往鲸目动物耳

---

* 这项由水声专家和生态学家主导的长达 6 年的研究，是对这些鲸目类动物进行的最详细的研究，它记录了很多有趣的发现，比如抹香鲸白天全身心捕猎时会不停地“说话”，但在夜晚会保持绝对的安静。

布莱恩 S·米勒、艾拉诺 J·米勒（Brian S. Miller, Elanor J. Miller）于 2018 年 4 月 3 日在《科学报告》（*Scientific Reports*）上发表了题为《南极抹香鲸的季节性栖息和死亡行为揭示》（*The seasonal occupancy and diel behaviour of Antarctic sperm whales revealed by acoustic monitoring*）的研究。

蜗的路径，是在该领域工作的研究人员所追求的最新战略目标之一。* 目的是了解高强度声音对这些非凡生物造成的潜在负面影响。

进行这些研究的专家将注意力转移到了和进化趋同有关的现象。他们分析的数据表明，深海中典型的极端声音环境可能会限制耳蜗的形状，造成抹香鲸特殊的耳蜗形态。主要发现是回声定位的能力与动物生活的生态学有关联。同样的研究也发现，从解剖学来看带齿鲸目动物的听觉器官方面也有类似的趋同现象。

人类不断发展的科学技术有利于破解生物最深层的秘密，在它们的环境中观察它们，而非入侵式地对其探索和观测，还可保护它们免受人类自身行动的影响。

研究可以拯救世界吗？

深海中大型生物妙不可言的秘密，总是对人类的想象力产生着巨大的影响。人们并不知道究竟有多少海洋物种充斥于深达数千米的海洋中。尽管缺少光且存在巨大的压力，但据科学家估计，该生态系统是地球上生命最丰富的系统之一。但在这样的深度，生命本身与我们所了解的大相径庭。首先，海洋并不存在季节之分，其温度也是永恒不变的。深海动物总是生活于黑暗之中。实际上，超过 50 米的深度，太阳光线就无法到达，植物无法进行光合作用，那么就存在“能量问题”。有许多捕食者外表怪异，长着大嘴，有锋利的牙齿。但问题就在于，在黑暗中搜寻猎物无须消耗过多能量。许多捕食者利用荧光来吸引猎物，只需张着嘴

---

* 该项研究获欧洲 ECHO（欧洲网络安全中心及创新和运营能力中心）项目资助，该项目旨在提供有组织性的协调方法以加强欧盟的步进式防御。ECHO 项目包括来自 15 个欧盟成员国的公司、学院和大学的 30 个合作伙伴。

巴等待猎物的进入，比如鮟鱇。然而，大部分的食物以“海雪”的形式落下。海雪是浮游生物和生物分解残渣、粪便团粒等，是浮颗粒相互碰撞形成的絮状有机物，形成于上层，一直沉降到海底。

海洋的水是生命的理想环境，40 亿年前这里的情况非常不同：从构成浮游植物和浮游生物的微小生物，到长度超过 20 米、重达数吨的鲸鱼和巨型乌贼。这就是为什么学习和保护生态系统如此重要，而无论现在还是未来，科技在发现、深入了解新物种以及保护其存在方面发挥着决定性作用。

在斯坦福大学圣安娜高中组织的一次活动中，我有机会参观了加利福尼亚的蒙特雷湾水族馆研究所（MBARI），该活动旨在鼓励机器人领域的专家间的会面与交流。当时，我还是一名研究人员，与我的团队正在研究海洋机器人和受生物（如章鱼）启发的机器人，后者旨在用于环境监测，探索自然环境。蒙特雷湾水族馆研究所致力于推进海洋科学和工程，以此来了解不断演变的海洋，并推动海洋生物学、机器人技术间的和谐互助。在这里，研究人员开发和利用海洋机器人来探索海洋和海床，并研究生活在那里的生物的生活习惯。

另一个将工程学、海洋生物学、海洋学、地球化学和其他学科完美融合的地方是美国马萨诸塞州伍兹霍尔海洋研究所。学科间的相互交融便是这些研究所成功的关键：只有在同一环境下，联合具有不同能力、经验丰富的科学家才可能更加接近生命的复杂性以及生物与环境间建立的密切关系，而这些关系才是地球生物多样性的基础。

从这些从事卓越项目研究的机器人提供的大量图片和数据中，生物学家发现了之前从未观察过的动物物种。几年前，MBARI 的一名研究员斯蒂芬妮·布什（Stephanie Bush）通过机器人获取的图片确认了深海章鱼的典型外貌，在此之前人类不知道它们的存在。因其可爱的长相，研究人员称它为“萌萌的章鱼”。它属于烙饼章鱼类，是一种小章鱼，身体直径 18 厘米，手臂像大象的躯干。它头顶上的小鳍会让人联想起小狗的两只柔软的耳朵。这种异常美丽的头足纲动物生活在对我们而言十分恶劣的三四千米的深海之中（有时甚至达到七千米），如果没有科技手段，人类是不可能遇见它们的。

MBARI 和伍兹霍尔海洋研究所的生物海洋学研究中心都位于大自然中绝美的地方，接近自然对于在研究和探索周围世界的缜密工作中找到灵感至关重要。我记得当我们到达蒙特雷的 MBARI 时，感觉像是进入了皮克斯动画工作室制作的电影《海底总动员》中：在研究所的屋顶上，一大群的鹈鹕（我此前从未见过的鸟类）晒着太阳，而在对面的屋顶上挤满了数不清的红嘴海鸥。在码头中，慵懒的海豹沉溺在阳光中打着盹儿。在机器学专家办公室里，我记得从俯瞰海洋的窗中可以看到在海面上跳跃的海豚的身影。这里的专家对这些画面早习以为常，他告诉欣喜若狂的我们要异常专注地观察，因为有时那可能不是海豚而是虎鲸。

在蒙特雷水族馆，我第一次遇见了巨人章鱼，一种令人惊叹的动物，属于太平洋巨型章鱼。许多电影中各种海怪和外星生命形式应该就是受到了它的启发。它们带有数百个配备化学和触觉感受器的吸盘来捕捉猎物，有时甚至可以捕捉长超 4 米、重约 10 千克的猎物。这种巨型章鱼生活于 60 米深的海域，它们是世界上最大的章鱼。然而就像普通章鱼一样，它们的寿命十分短暂，不超过 4 年，普通章鱼甚至更短。通常，这类物种会产 4 万 ~ 10 万个蛋，雌性章鱼负责守卫和照顾它们的卵，在长达几个月的时间不吃不喝，直到死去。

我已研究章鱼多年，这是一种永远让人感到惊喜的动物。最近在意

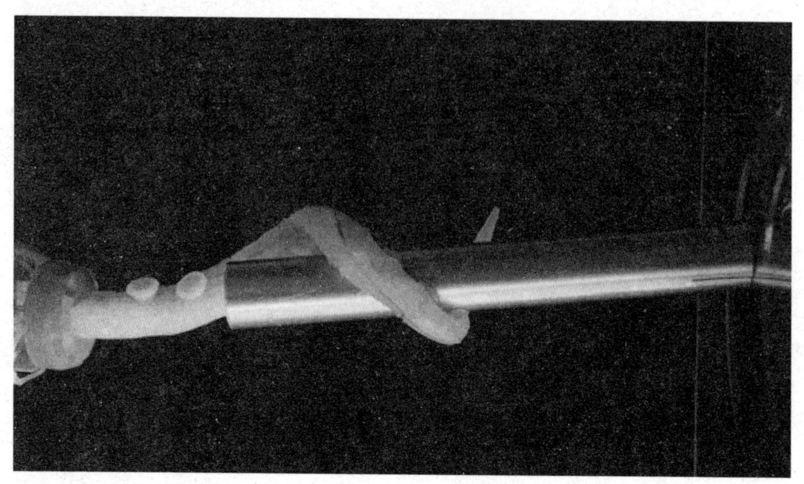

受章鱼启发的机械臂原型

大利理工学院我们研发了一种配备吸盘的机械臂，灵感便来自章鱼的触手。该机械臂用硅酮基材料制作，长 37 厘米，最长直径 3 厘米，重 85 克。章鱼可以生活在高压之下，因为它们的身体没有骨骼结构，可以完美地适应这些极端条件。创建机械臂的研究项目旨在开发前沿技术以在工业领域实现操控：利用机械臂可在存在石油和其他压力的情况下，回收井中和狭窄环境中的物体。章鱼为我们在机器人领域提供了一个新的范例，在此领域，人工系统使其适应与之交互的对象和周围的环境，突破了“刚性”机器人和具有“金属体”的机器人的局限性。

毋庸置疑，服务于科学和知识的新技术的应用，是工作中我最喜欢的一部分。毫无疑问，全世界的实验人员正在让科学和技术研究活动服务于生物学。并不存在一个综合性的“秘诀”提高地球的保卫水平，以保护它的生物多样性，但我坚信，通过提出更加可持续的进步模式，即将科学与技术相结合会让我们在未来实现宏伟目标。

这让我脑海中浮现出《达尔文笔记》中那句简短而精辟的短语“每个物种都在变化进步”，尽管看似微不足道，但于我而言它包括了我们未来的本质。也许进步意味着明白如何优化对自然资源的利用，并重新思考一种新的生活模式，在此模式下，我们将珍视自然之美。进步可能还意味着明白利用我们的智慧，即我们认为与其他生物所不同的特性来找到正确的方向，使我们对人类在地球上的角色有一个更全面、更成熟的认知。

结 语

植物未来

当在电影院观看第一部《侏罗纪公园》时*，我深深沉迷于其中的故事情节：哥斯达黎加附近海域的一个小岛上居住着克隆恐龙，这是一个由一位神秘的亿万富翁所资助的项目。恐龙从主题公园的围栏逃离，并开始攻击游客。当凶猛的霸王龙和迅猛龙尽力去改变过去它们的不幸时，大部分观众和我一样都陶醉于电影情节之中。在真正的侏罗纪时代，如果抬头望向天空，我们会看到高大树木的顶部，这些树木甚至会快速生长至 70 多米，分布于南北半球的任何地方。和南洋杉针叶树，也就是众所周知的“恐龙树”相比，最大的恐龙也显得微不足道了，这些大树是爬行食草动物的主要营养物质来源。而此类型的植物被认定在 18 世纪已灭绝，如今只留存着唯一的品种——南洋杉，它们原产于智利中部和阿根廷的中西部，标准高度可达 40 米，且总是保持长青。目前存在的最大的动物蓝鲸，它的长度也没有达到 30 米。

从地球上的庞然大物到娇嫩精致的野花，我们的存在取决于这些绿色的生物，我们要和它们坚不可摧地团结在一起。

有许多可以证明人类与自然间具有极其密切关系的故事。在印度一个鲜有人拜访的东北部地区居住着卡西族，他们完全将自己的文化和生

* 《侏罗纪公园》是史蒂文·斯皮尔伯格（Steven Spielberg）执导的电影，于 1993 年上映，该电影取材于迈克尔·克莱顿（Michael Crichton）1990 年撰写的同名小说。

存与自然联结在一起。卡西族的社会结构是母系社会，社会内部最重要的人物便是母亲。“卡西”实际意为“由母亲所生”。在卡西族社会，子女由母亲取名，钱财和氏族住宅由女性管理，重大的典礼也由女性主持。

卡西族散布于郁郁葱葱的热带雨林所覆盖的山丘之间，所生存的环境恶劣艰难：村落间少有连接的道路，人们如今依旧靠步行或是通过骑行动物来进行移动。该地区多雨，观察流经的河流是一件相当复杂的事情，这样的环境条件常常不利于桥梁和道路的修筑。但人类的聪明才智，加上植物非凡的适应能力，就并不存在不可逾越的障碍。在该地区，生长着茂密的典型榕树，也称为“印度橡胶树”，这种源于热带潮湿地区的植物能够很好地适应所生长的环境，在自生状态下，它的高度可达 30 米。这种榕树可在树干部分的最高处长出一系列的次生根，这些次生根朝向低处生长，牢牢固定在土地上，以此来支撑住强有力的树枝的重量。通过树根与树根的相互作用，部落中有经验的男人能够将树木由河岸的一边引向另一边生长，形成所谓的“活桥”。他们是如何做到这一点的仍然是个谜，因为建造这些独一无二的“活桥”的技术是口头相传的，每个部落似乎都有自己的“秘诀”。当然，其中一方面是由于树木根部有对触觉和化学刺激做出反应的能力，正是基于这些特点，部落中的桥梁“工匠”得以通过定期刺激树的根部，使其往所希望的方向生长。而“桥梁”维修是保证其存活的基础工作，由此，便建立起了植物与人类数百年的关系。实际上，这种树木桥梁需要大约 25 年的时间才能开始发挥其作用，但它们可以维持 5 个世纪或更长时间。一些树木桥梁可长达 50 米，一次可承载 50 人的重量。

这项现存的宏伟工程吸引了很多人的注意，其中也包括我。和一些同事一起，我们设计了“洛克”[*]项目，研究模仿榕树气生根的能力，目标是创造出能够根据环境刺激和与人类的互动而能生长的机器人。我们正在研究自然基础设施的材料，也在研究生长模型（比如，我们研究其生长速度，或是由根部决定的方向对刺激做出积极还是消极反应），以及根部与支撑系统间相互作用的类型。所有获得的生长机制图像将与三维记录和建模技术相结合，这将允许对桥梁施工不同阶段的结构和生物力学特征进行无创分析。

我们习惯于去谈论人与机器人（更具体来讲，是人和人形机器人）的相互作用，但这个项目可能为受植物启发的全新类型的机器构想奠定基础，能够从环境影响的角度帮助人类发展可持续的基础设施。我们来想想城市中的一些建筑方案，我正在思考一种能根据受到的刺激来调整其形状的结构。和植物一样，建筑也和它们的位置、所在的不同气候条件和环境压力有关。一座能够适应外部环境的场所可能会控制进入的阳光量，避免夏季过热或冬季过冷，从而大大地节约能量。这是一种不可实现的梦吗？并不见得。为了这个目标，生物学家、建筑师和工程师共同研发了“Flectofin”系统和它的后生系统“Flectofold”。这些装置的灵感来自被称为“天堂鸟花”的鹤望兰。这是一种十分美丽的热带植物，花朵由 3 片橙黄色花瓣和 3 片蓝色花瓣构成，它们融合为一个形如小船的花苞。花苞含有花粉，并且在底部含有甜味的花蜜，可以吸引织布鸟，一种小型雀形目鸟类，雄性以亮黄色和红色的羽毛为特征。为了

---

* 项目名称为“洛克：环境机器人的知识根源”，该项目由《国家地理》杂志资助，并得到了一些专家学者的合作，包括意大利理工学院科学家阿丽亚娜·特拉维利亚（Ariana Traviglia）、威尼斯卡福斯卡里大学的教授马西莫·沃格利恩（Massimo Warglien）和梅格尔首都西隆东北山大学的教授德斯蒙得·哈莫弗朗（Desmond Kharmawphlang）。

采集花蜜，鸟儿会停靠在花瓣上，在鸟的重量下，花出现弹性弯曲，花粉释放并落在鸟的羽毛上。当鸟儿飞到其他花上时，花粉就转移到柱头并进行授粉。这便是花的弹性机械弯曲——可以连续重复 3000 次，且结构不会中断，弗莱堡大学植物生物力学组和植物园的主任托马斯·斯派克（Thomas Speck）和他的同事由此受到启发，研发建筑物外墙的遮阳体系。人工机制基于纤维增强聚合物，例如玻璃纤维，结合了高拉伸强度和低弯曲刚度，从而可以实现弹性变形。2012 年，在韩国丽水举办的世博会上，韩国（主办国）场馆的立面就采用了这项技术。主题馆动力多媒体外表皮由玻璃钢百叶组成，当开启或闭合玻璃钢百叶时，除了在功能上可以控制前厅和演示区域的光线明暗度之外，还可以创造出鲜活的动态表皮，并能呈现特殊的视觉效果；日落之后，从玻璃钢百叶中透出的若隐若现的 LED 灯光，好似鲸鱼的鱼鳍在不停地摆动。

大自然为我们解决现实问题提供了“稀奇古怪”的解决方案和令人震惊的选择。例如，大自然的“特长”之一，毫无疑问便是减少能量消耗的战略发展。在植物当中，该策略还涉及开发能够与外部环境相互作用的材料，比如种子。如我们所知，高等植物是无柄的，这意味着它们固定在发芽或发育的地方。基于此，它们进化出一种繁殖策略，保证种子远离母株，以免在光照、水分和养分方面相互竞争。事实上，当存在合适的外部条件时，包含植物种子的结构受孕分离，并利用所制材料的特性，以不同的方式移动（飞翔、穿透土壤、依附于动物皮毛等）。而真正有趣的事情是缺乏新陈代谢，干燥而死的结构可以根据它们精心的“设计”，不消耗额外能量进行移动。

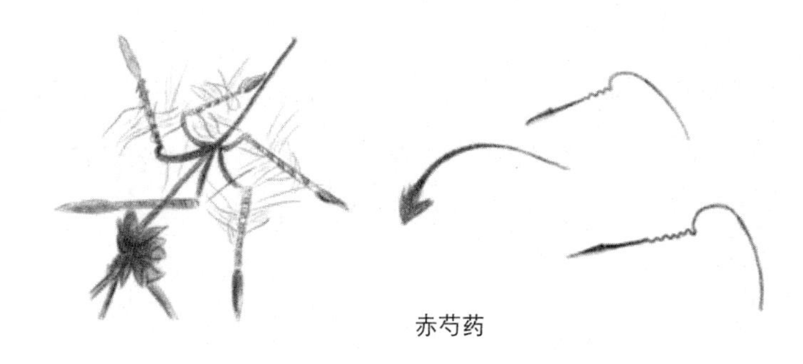

赤芍药

基于这一点，我们在意大利理工学院开始了一项研究项目*，该项目涉及受植物种子结构及其在环境中运动策略启发的机器人的开发。我们的研究对象包括能穿透土壤的种子（比如燕麦），也有能够飞翔的种子（比如蒲公英或槭树）。我们给自己设定的挑战是，从分析允许这些种子在自然界中运输并人工复制它们的结构开始，而整个事情最令人震惊的便是种子组织的组成和成分。这些种子之所以可以移动，一是这些组织能够与空气和土壤中湿度的变化相互作用，二是由风带动移动。

我们的目标是将我们的机器种子用于监测环境参数，比如空气、土壤的温度和湿度，还有土壤第一层的汞和可能出现的二氧化碳水平参数。我们所面临的任务是要研发通过与环境交互在环境中进行移动的机器种子。该种子由柔软的可生物降解的材料制成。这些机器种子还必须集成能够在与要测量的参数接触时发射荧光的材料。荧光将由无人机上

---

* 此项目 I-SEED 是由我所参与的项目（https://iseedproject.eu/），2020 年受到欧盟主动环境情报领域的 400 万欧元的资助，旨在鼓励概述欧洲环境情报系统战略的研究项目。该项目包括来自意大利、德国、荷兰和塞浦路斯的 5 个合作伙伴。除了意大利理工学院，在意大利还涉及圣安娜生物机器人研究所和意大利国家研究委员会（CNR）大气污染研究所（IIA）。

的遥感系统测量，该系统会将机器种子释放到空中，然后飞过要监控的区域。

我们的机器种子将是花费较少、便于操作的简单系统，特别利于在偏远地区或十分贫穷地区进行持续监测，那里很少进行环境分析。这些采用无污染的材料、没有电池和电子元件构成的机器种子，完全模仿其相应的生物模型，可以被自然有机体和大气介质的作用降解。

机器种子着眼于未来，受创新驱动，高于之前所达标准的研究项目。正如迪士尼设计师，佛罗里达州奥兰多“未来世界”主题公园的“地平线”未来主义景点的创作者汤姆·菲茨杰拉德（Tom Fitzgerald）所说，“你敢想，就能做到。”这句话后来成为一个非常流行的口号，归

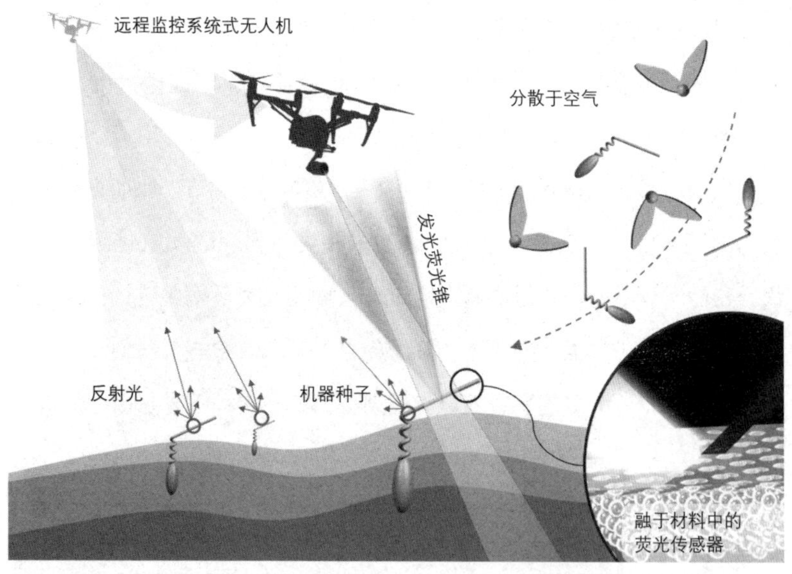

由无人机释放的机器种子飞行，穿透地面，它们构成的荧光材料首先由激光束送达，然后被无人机本身的遥感系统读取。

因于迪士尼形象本人沃尔特，该形象体现了迪士尼的思想精髓和更多的哲学本质。这个口号适合科学研究界，因为研究人员一直都是大梦想家，否则肯定不会花费数月甚至数年的时间从事复杂现象的精准研究，但却丝毫不确定预期结果所带来的回报。正因如此就需要疯狂一点儿，或最好需要未来景象的指引，从而坚定为目标而战。数年前，类植物的发明为“绿色衍生机器人的系列梦想”铺平了道路，从那时起，我和我的团队就满腔热血地致力于实现这些梦想：观察植物在看似不动的庇护所中的顽强挖掘和悄无声息地生长所产生的直觉为新世界打开了一扇门。

我们又开始了一个新的研究项目，它大大激起了我们的热情，使我们产生无数的憧憬。这个称为“I-Wood”*的项目的研究对象是真菌的根部和菌丝所构成的地下网络的规则。正如我们所知的菌根网络，也被称为“木维网”，通过吸收碳，在维持自然生态系统健康、控制全球变暖方面起了关键作用，因此应该受到保护以放缓碳的加速循环，减少碳对环境变化造成的影响。机器人和人工智能可以为基于全球变化的自然过程的深入性分析和可持续性的技术发展提供具体的解决措施。通过对木维网的研究，了解植物和真菌相互作用的规则，以此可研发受植物启发的人工模式。由此，将会诞生新一代机器人，它们能够通过模仿植物根部的能力来探索土壤，即感知环境而生长、老化、分支和伸长。在新一代机器人中，我们还将执行植物典型的集体行为，并在木维网的基础上对其进行建模。

这项研究也基于强大的多学科方法，并将为机器人和人工智能新范

* I-Wood（智能森林：受木维网启发的机器人网络）项目由欧洲研究委员会内的欧盟委员会资助，并持续 60 个月。

式开辟道路。I-Wood 将会提供超越当前机器人模型的解决方案，并配备与大脑存在相关的集中智能。这是一种分布在体内的智力，通过植物之间以及植物与其他生物（如蘑菇）之间的相互作用而增加，它们与蘑菇建立了联盟，并制定了随着时间变化而必需的适应策略。我们将采用新的方法，在生物学中使用机器人，通过我们的机器获得对生物多样性和气候保护至关重要的新科学知识。

至此，这场通过伟大的大自然天才和人类巧妙的发明所进行的丰富旅程即将结束，我回过头问自己，我们所看到的、分析过的和所发现的一切是否有利于回答 21 世纪最重大的问题之一：什么是可持续性？它是否触手可及？我们是否可以做到？

“可持续”一词由 300 多年前一位开明的德国贵族汉斯·卡尔·冯·卡洛维茨（Hans Carl von Carlowitz）在他的森林学论作中首次提出，至今，世界各地的政府仍在努力寻找可实施方案。

我没有一天不问自己：我可以为我的地球家园做点什么？我如何才能切实帮到当代和未来的孩子，让他们居住在一个更加洁净、更加绿色并且能和生物和谐共处的世界？

也许我的贡献——总的来说科学可以而且必须比以往任何时候都可以为新千年的人们做出贡献——正是通过对自然现象的持续研究来实现的。因此，我将和我的同伴一起，继续专心阅读大自然这本伟大的“书”，去了解普遍的规律、原则和解决方案，然后将它们转化为智能机器，确保它们实实在在地帮助我们理解、监测、改良土壤和保护那独一无二的杰出之作——大自然。

致 谢

当写下这最后几行字时，我正在父母的家中。面前是一大面书架，上面载满各种各样关于菌菇的书籍，还有关于真菌学历史的论文。我的父亲是一位伟大的真菌学家，自然生态系统的研究学者，他和我的母亲将对大自然的爱与尊重传递给了我和弟弟。在这里，我对他们表达我的真挚的谢意。

感谢里卡多在我生命的每时每刻陪伴我、支持我、包容我。我当然不会忘记他的鼓励和宝贵的建议，还有他那永不平庸、总是具有启示性的观点。

我还要感谢我的合作伙伴，他们辛勤宝贵的工作和连接我们之间的热情和憧憬，才让壮志凌云的梦想变为现实，我们几乎总能成功做到，至少我们敢于尝试。帮助我的伙伴实在很多，我仅列下并非详尽的同事名单，他们更多地参与了文中我所提及的研究项目，我代表整个团队对他们致以感谢：阿莱西奥·蒙迪尼，卡洛·菲利佩斯基（Carlo Filippeschi），伊曼纽拉·德尔·多托雷（Emanuela Del Dottore），劳拉·玛格丽（Laura Margheri），弗朗西斯卡·特拉马塞雷（Francesca Tramacere），法宾·梅德（Fabin Meder），伊莎贝拉·菲奥雷洛（Isabella Fiorello），斯特凡诺·帕拉吉（Stefano Palagi），里迪·达斯（Riddhi Das），斯特凡诺·马里亚尼（Stefano Mariani），卢卡·切奇尼（Luca Cecchini），维吉里奥·马托利

（Virgilio Mattoli），马可·克雷帕利（Marco Crepali），等等。

我也想要感谢玛丽安娜·阿基诺（Marianna Aquino），感谢她的真诚与帮助，尤其是她优秀的专业本领。也要感谢整个隆加尼西（Longanesi）团队，感谢他们对我的帮助，让我重拾信心。

最后，我想以伟大的文学作品《小王子》中的一句话与读者告别，它使我平静，也在最黑暗和伤心的时刻带给我阳光，那就是：总会碰到新的机遇，结交别样的友谊，感受更多的爱，每一个终点都是一个崭新的开始。

参考文献

1 S. Cheng *et al.*, « Genomes of Subaerial Zygnematophyceae Provide Insights into Land Plant Evolution », in *Cell*, 179, 14 novembre 2019, pp. 1057-1067.

2 S. Bonneville *et al.*, « Molecular identification of fungi microfossils in a Neoproterozoic shale rock », in *Science Advances*, 6 (4), 2020: eaax7599.

3 L.A. Cernusak *et al.*, « Robust Response of Terrestrial Plants to Rising CO_2 », in *Trends in Plant Science*, vol. 24, n. 7, 1 luglio 2019, pp. 578-586.

4 N.A. Soudzilovskaia *et al.*, « Global mycorrhizal plant distribution linked to terrestrial carbon stocks », in *Nature Communications*, 10, 2019, p. 5077.

5 B.S. Steidinger *et al.*, « Climatic controls of decomposition drive the global biogeography of forest-tree symbioses », in *Nature*, 569, 2019.

6 H. Molisch, *Der Einfluss einer Pflanzen auf die andere Allelopathie*, Verlag G. Fisher, Jena 1937.

7 K.J. Beiler, D.M. Durall, S.W. Simard, S.A. Maxwell, A.M. Kretzer, « Architecture of the wood-wide web: Rhizopogon spp. genets link multiple Douglas-fir cohorts », in *New Phytologist*, 185, 2, 2010, pp. 543-553.

8 M.A. Bingham, S. Simard, « Ectomycorrhizal Networks of Pseudotsuga menziesii var. glauca Trees Facilitate Establishment of Conspecific Seedlings Under Drought », in *Ecosystems*, 15, 2, 2012, pp. 188-199. Per un approfondimento su questo tema rimando al mio primo libro, *La Natura geniale*, Longanesi, Milano, 2019, p. 145 e segg.

9 A.G. Volkov, Yuri B. Shtessel, « Underground electrotonic signal transmission between plants », in *Communicative & Integrative Biology*, 2020, pp. 54-58.
10 http://www.rizosfera.it/
11 R.W. Nowell, P. Almeida, C.G. Wilson, T.P. Smith, D. Fontaneto, A. Crisp *et al.*, « Comparative genomics of bdelloid rotifers: Insights from desiccating and nondesiccating species », in *PLoS Biol*, 16, 4, 2018; N. Debortoli, X. Li, I. Eyres, D. Fontaneto, B. Hespeels, C.Q. Tang, J.-F. Flot, K. Van Doninck, « Genetic Exchange among Bdelloid Rotifers Is More Likely Due to Horizontal Gene Transfer Than to Meiotic Sex », in *Current Biology*, 26, 6, 2016, pp. 723-732.
12 L. Popova, D. van Dusschoten, K.A. Nagel, F. Fiorani, B. Mazzolai, « Plant root tortuosity: an indicator of root path formation in soil with different composition and density », in *Annals of Botany*, 118, 2016, pp. 685-698.
13 A. Hof, P. Campagne, D. Rigden. *et al.*, « The industrial melanism mutation in British peppered moths is a transposable element », in *Nature*, 534, 2016, pp. 102-105, https://doi.org/10.1038/nature17951
14 S. Yu, P.K. Jaincorresponding, « Plasmonic photosynthesis of C1C3 hydrocarbons from carbon dioxide assisted by an ionic liquid », in *Nature Communications*, 1 maggio 2019, 10, p. 2022.
15 A. Sacco, R. Speranza, U. Savino, J. Zeng, M.A. Farkhondehfal, A. Lamberti, A. Chiodoni, C.F. Pirri, « An Integrated Device for the Solar-Driven Electrochemical Conversion of CO_2 to CO », in *ACS Sustainable Chemistry & Engineering*, 8, 20, 2020, pp. 7563-7568.
16 M. Bonchio *et al.*, « Hierarchical organization of perylene bisimides and polyoxometalates for photo-assisted water oxidation », in *Nature Chemistry*, volume 11, 2019, pp. 146-153.

17 https://growbot.eu/, si veda anche B. Mazzolai, *La Natura geniale*, cit., pp. 161 segg.
18 F. Meder, I. Must, A. Sadeghi, A. Mondini, C. Filippeschi, L. Beccai, V. Mattoli, P. Pingue, B. Mazzolai, « Energy Conversion at the Cuticle of Living Plants », in *Advanced Functional Materials*, 28, 51, 2018.
19 F. Meder, M. Thielen, A. Mondini, T. Speck, B. Mazzolai, « Living Plant-Hybrid Generators for Multidirectional Wind Energy Conversion », in *Energy Technology*, 2020.
20 P. Dasgupta, *The Economics of Biodiversity: The Dasgupta Review*, HM Treasury, London, 2021.
21 G. Jordà, N. Marbà, C.M. Duarte, « Mediterranean seagrass vulnerable to regional climate warming », in *Nature Climate Change*, 20 maggio 2012.
22 Si veda, per maggiori dettagli, B. Mazzolai, *La Natura geniale*, cit.
23 J.P. Briner *et al.*, « Rate of mass loss from the Greenland Ice Sheet will exceed Holocene values this century », in *Nature*, volume 586, 2020, pp. 70-74.
24 T.W. Cranford, P. Krysl, « Fin whale sound reception mechanisms: skull vibration enables low-frequency hearing », in *PLoS One*, 29 gennaio 2015.
25 K. Tsujii *et al.*, « Change in singing behavior of humpback whales caused by shipping noise », in *PLoS One*, 24 ottobre 2018.
26 C. Darwin, *Taccuini 1836-1844*, traduzione di I.C. Blum, Laterza, Roma 2008.
27 Per maggiori approfondimenti, consiglio la seguente lettura: J. Knippers, U. Schmid, T. Speck (Eds.), *Biomimetics for Architecture. Learning from Nature*, Birkhäuser, Basilea 2019.

阅读参考

我喜欢那些最后给读者提供阅读线索的书和文章，让人们可以继续前行。希望即使是这本小书，也能让那些在更广泛的探索旅程中遇到它的人短暂停留。我在这里转录一些合理的阅读建议，我认为这些建议可能会取悦那些对共同讨论的主题感兴趣的人。它们大多是非专业人士的热门文章，但也有一些例外（例如，我至少不能错过我心爱的艾萨克·阿西莫夫的一本书）。

祝阅读愉快。

Jim Al-Khalili, Johnjoe McFadden, *La fisica della vita. La nuova scienza della biologia quantistica*, Bollati Boringhieri, Torino 2015.

Isaac Asimov, *I robot dell'alba*, Mondadori, Milano 1985.

David Attenborough, *La vita sul nostro pianeta. Come sarà il futuro?*, Rizzoli, Milano 2020.

Fritjof Capra, Anna Lappé, *Agricoltura e cambiamento climatico*, Aboca, Arezzo 2016.

Bruno Cetto, *I funghi dal vero*, vol. 1, Arti Grafiche Saturnia 2002.

Jacques-Ives Cousteau, *Oceani. I faraoni del mare*, Fabbri, Milano 1973.

Dian Fossey, *Gorilla nella nebbia*, Einaudi, Torino 1994.

Bill Gates, *Come evitare un disastro. Le soluzioni di oggi, le sfide di domani*, La Nave di Teseo, Milano 2021.

Jane Goodall, *L'ombra dell'uomo*, Rizzoli, Milano 1974.

Jane Goodall, *La mia vita con gli scimpanzé*, Zanichelli, Bologna 2014.

Will Hunt, *I misteri del sottosuolo. Storia umana del mondo sotterraneo*, Bollati Boringhieri, Torino 2019.

Konrad Lorenz, *L'anello di Re Salomone*, Adelphi, Milano 1989.

Smithsonian, *Flora, le piante viste da vicino*, Gribaudo, Milano 2019.

Telmo Pievani, *La terra dopo di noi*, Contrasto, Roma 2019.

Telmo Pievani, *Finitudine. Un romanzo filosofico su fragilità e libertà*, Raffaello Cortina, Milano 2020.

Louisa Preston, *Riccioli d'oro e gli orsetti d'acqua*, Il Saggiatore, Milano 2019.

David Quammen, *Spillover. L'evoluzione delle pandemie*, Adelphi, Milano 2014.

Valerio Rossi Albertini, *Un pianeta abitabile*, Longanesi, Milano 2020.

Merlin Sheldrake, *L'ordine nascosto. La vita segreta dei funghi*, Marsilio, Venezia 2020.

Giorgio Vacchiano, *La resilienza del bosco. Storie di foreste che cambiano il pianeta*, Mondadori 2019.

Peter Wohlleben, *La rete invisibile della natura*, Garzanti, Milano 2020.

推荐视频

除了前面可供选择进行深入阅读的材料之外，我还想为那些对科技进步和大自然研究主题感兴趣的人提供一些我认为极有趣味的各类视频、采访、动画和电影链接。

从我主导的研究领域，来自意大利理工学院的我所在的团队的生物机器人项目开始。

在意大利理工学院的仿生软机器人实验室网站，您会找到海量与我们工作相关的视频和学习材料，由类植物开始：https://bsr. iit. it/

基于攀缘植物研究的 GrowBot 项目：https://growbot. eu/

I-Seed 项目：https://iseedproject. eu/

关于类植物，我写下由 Rai 制作的两个短视频，以简单的方式为大家讲述了我们的植物机器人。

第一个视频在由爱德华多·卡姆里（Edoardo Camurri）领导的项目 #Maestri内：https://www.raiscuola.rai.it/scienze/articoli/2021/05/Barbara-Mazzolai-a-Maestri-a4801ad4-6f9d-419a-9f47-fd0df44f3739.html

第二个是专为 Rai Scuola 频道提供的视频：https://www.raiscuola.rai.it/scienze/articoli/2021/02/Plantoidi-cosa-lega-le-piante-ai-robot-94022e70-f5ce-4426-8816-27b

1e10a45aa.html

由英国广播公司（BBC）制作的木维网精美视频：https://www.facebook.com/bbc/videos/3061967890488983

关于人造光合作用的系列视频和有用的学习材料，可以在下方找到：https://ilbolive.unipd.it/it/news/altro-passo-avanti-verso-fotosintesi-artificiale

关于生物多样性和由欧盟通过的为下一个十年的决议措施：https://ec.europa.eu/info/strategy/priorities-2019 -2024/european-green-deal/actions-being-taken-eu/eu-biodiversity-strategy-2030_it

英国广播公司系列纪录片《荒野间谍》（*Spy in the Wild*）。遗憾的是，我在书中第 6 部分所谈到的内容线上不可获取，但在该广播公司的 YouTube 官方账号中可以找到一些片段。我在此提供关于大猩猩的视频链接：https://www.youtube.com/watch?v=rh9PwFvMS0I

关于受生物启发的海洋机器人，比萨圣安娜高中生物机器人研究所的研究人员马塞洛·卡利斯蒂（Marcello Calisti）和大卫·科罗（Davide Coero Borga）在牛顿市关于谈论深渊和机器人的对话，这是 Rai Cultura 的节目：https://www.raiplay.it/video/2020/03/Newton—Pt13—Esplorare-gli-abissi-a51f975c-3528-4802-83b2-509562701890.html